高等院校艺术学门类『十三五』系列教材

YUANLIN JINGGUAN ZHIWU

园林景观植物

主编 戴欢

副主编 何浩 蒲军 任亚萍

参编 刘莉 吴苗 袁伊旻 曾艳 蔡静

U0278637

华中科技大学出版社
http://www.hustp.com
中国·武汉

内 容 简 介

　　本书主要介绍了华中地区常用园林景观植物的中文名、别名、拉丁名、科属、形态特征、生态习性、园林应用等，并配有全株及局部的图片若干幅。本书章节以园林景观植物的应用形式进行编排，包括行道树、庭荫树、孤赏树、群植树、观花观果树、垂直绿化树、绿篱及造型树和地被树这八种常见种类，以简便实用为原则，是初学者打开植物识别与应用之门的佳选。本书可作为园林工作者、景观设计人员、大中专院校师生，以及植物爱好者识别、栽培和应用园林景观植物的参考书。

图书在版编目（CIP）数据

园林景观植物 / 戴欢主编. — 武汉 : 华中科技大学出版社，2021.6
ISBN 978-7-5680-7281-6

Ⅰ.①园…　Ⅱ.①戴…　Ⅲ.①园林植物　Ⅳ.①S68

中国版本图书馆 CIP 数据核字(2021)第 122161 号

园林景观植物　　　　　　　　　　　　　　　　　　　　　　戴欢　主编
Yuanlin Jingguan Zhiwu

策划编辑：袁　冲
责任编辑：史永霞
封面设计：孢　子
责任监印：朱　玢
出版发行：华中科技大学出版社（中国·武汉）　　　电话：　(027) 81321913
　　　　　武汉市东湖新技术开发区华工科技园　　　邮编：430223
录　　排：武汉创易图文工作室
印　　刷：湖北新华印务有限公司
开　　本：880 mm×1 230 mm　1/16
印　　张：8.5
字　　数：320 千字
版　　次：2021 年 6 月第 1 版第 1 次印刷
定　　价：49.00 元

本书主要介绍了华中地区常用园林景观植物的中文名、别名、拉丁名、科属、形态特征、生态习性、园林应用等，并配有全株及局部的图片若干幅。本书章节以园林景观植物的应用形式进行编排，包括行道树、庭荫树、孤赏树、群植树、观花观果树、垂直绿化树、绿篱及造型树和地被树这八种常见种类，以简便实用为原则，是初学者打开植物识别与应用之门的佳选。本书可作为园林工作者、景观设计人员、大中专院校师生，以及植物爱好者识别、栽培和应用园林景观植物的参考书。本书中植物的中文名、别名、拉丁名以《中国植物志》及最新修订发表的名称为准。书中个别图片引自互联网，因无法查询到原作者，所以未标注出处，在此谨向原作者致谢。

本书为校企合作的产物，由武汉设计工程学院、河南城建学院和武汉葛化环艺传播有限公司的高级工程师、工程师、副教授、讲师联合编写，呈现了本地区城乡各类型绿地建设中的常用景观植物种类，感谢他们为本书提供了丰富的理论知识、实践经验。同时，本书还是教学研究的产物，感谢湖北省高等学校省级教学研究项目"立体化教学模式在园林专业应用型课程中的改革研究"(2017505)和"基于 CDIO 教学模式下的高校园林设计课程改革研究"（2018496），武汉设计工程学院校级教学研究项目"'金课'背景下地方新建本科高校植物类课程建设的研究和实践"(2019JY111)和"基于 OBE 理念的园林专业应用型人才培养模式改革探究"（2020JY104），武汉设计工程学院校级科研项目"基于 LID 的园林植物资源及其物种多样性研究"（K201915），武汉设计工程学院校级优质课程建设项目"园林树木学"(201308)的支撑。本书在编写过程中，参考引用了相关文献资料，均列于书后参考文献中，以对原作者表示感谢！

由于我们的业务能力有限和对有些问题的考虑不周，书中错误和欠妥之处在所难免，敬请读者不吝指出。

编　者

2021 年 3 月

39　第四章　群植树

53　第五章　观花观果树

93　第六章　垂直绿化树

103 第七章　绿篱及造型树

119 第八章　地被树

125 参考文献

127 索引

第一章

行道树

XINGDAOSHU

　　行道树是指以美化、遮阴和防护为目的，在道路两侧成行栽植的树木。在行道树的选择应用上，多以形态优美、绿荫如盖的阔叶乔木为主。由于城市环境自身的特点，选择行道树还需要注重速生、抗病虫、抗污染、耐瘠薄、易管理等养护成本因素。对于甬道及墓道等纪念场地，则多以常绿针叶类及棕榈类树种为主。随着城市环境建设标准的提高，在行道树栽种方面，乡土树种和彩叶、香花树种的选择应用有较大发展并呈上升趋势。

◎银杏（白果树、公孙树）

拉丁名：*Ginkgo biloba* L.

科属：银杏科银杏属

形态特征：落叶乔木，高可达 40 m；树皮灰褐色，深纵裂；幼年及壮年树冠呈圆锥形，老年树冠则呈广卵形；叶扇形，顶端宽 5~8 cm，在长枝上螺旋状散生，在短枝上簇生，秋季落叶前变为黄色；雌雄异株，花期 3—4 月；果实具长梗，下垂，9—10 月成熟，熟时黄色或橙黄色，外被白粉。

生态习性：喜光，小苗稍耐阴；对气候适应性强；喜深厚、肥沃、湿润、排水良好的沙壤土，耐旱，不耐积水；深根性，根蘖性强。

园林应用：孤植于草坪、广场，枝繁叶茂，浓荫覆地；列植于街头作行道树，遮阴降温效果好；常与槭类、枫香、乌桕等色叶树种混植以点缀秋景，也可与松柏类树种混植；我国自古用在寺庙、宫廷作庭荫树、行道树、园景树。（见图 1-1）

图 1-1　银杏（白果树、公孙树）

◎鹅掌楸（马褂木）

拉丁名：*Liriodendron chinense*（Hemsl.）Sargent.

科属：木兰科鹅掌楸属

形态特征：落叶乔木，高可达 40 m；叶马褂状，长 4~12 cm，近基部每边具 1 侧裂片，先端具 2 浅裂；花杯状，绿色，具黄色纵条纹，花期 5 月；聚合果长 7~9 cm，9—10 月成熟。

生态习性：中性偏阴性；喜温暖、湿润的气候，略耐低温；不耐干旱、贫瘠，忌积水；对二氧化硫有一定抗性；生长较快，寿命较长。

园林应用：叶形奇特，秋叶金黄，树形端正挺拔，是珍贵的庭荫树、行道树；与银杏、悬铃木、欧洲椴树和欧洲七叶树并称为世界五大行道树树种；可丛植于草坪，列植于园路，或与常绿针、阔叶树混植成风景林，也可在街头绿地与各种花灌木配植以点缀秋景。（见图 1-2）

图 1-2　鹅掌楸（马褂木）

◎ **乐昌含笑**

拉丁名：*Michelia chapensis* Dandy

科属：木兰科含笑属

形态特征：常绿乔木，高 15～30 m；树皮深灰色；小枝无毛，有环状托叶痕；单叶，互生，薄革质，倒卵形、狭倒卵形或长圆状倒卵形，长 6.5～15 cm，宽 3.5～6.5 cm，全缘；花被片淡黄色，芳香，花期 3—4 月；聚合果，8—9 月成熟。

生态习性：喜温暖、湿润的气候，亦能耐寒；喜光；喜深厚、疏松、肥沃、排水良好的酸性至弱碱性土壤，能耐地下水位较高的环境，在过于干燥的土壤中生长不良。

园林应用：树冠高大，苗木形状优美，枝叶翠绿，花大而香，是优良的庭园和道路绿化苗木；孤植、丛植、群植或列植均适宜，与木莲、木荷、玉兰等配植更佳。（见图 1-3）

图 1-3　乐昌含笑

◎ 樟（樟树、香樟）

拉丁名：*Cinnamomum camphora*（L.）Presl

科属：樟科樟属

形态特征：常绿大乔木，高可达 30 m；树冠广卵形；枝、叶及木材均有樟脑气味；树皮褐色，纵裂；单叶，互生，卵状椭圆形，长 6~12 cm，宽 2.5~5.5 cm，全缘，离基三出脉，脉腋有明显腺窝；圆锥花序腋生，花绿白色或带黄色，花期 4—5 月；果 8—11 月成熟，熟时黑色。

生态习性：喜光，幼苗、幼树耐阴；喜温暖、湿润的气候，耐寒性不强；在深厚、肥沃、湿润的酸性或中性黄壤、红壤中生长良好，不耐干旱、瘠薄和盐碱，耐湿；萌芽力强，耐修剪；抗二氧化硫、臭氧、烟尘污染能力强，能吸收多种有毒气体。

园林应用：树冠圆满，枝叶浓密青翠，树姿壮丽，是优良的庭荫树、行道树。（见图 1-4）

图 1-4　樟（樟树、香樟）

◎ 二球悬铃木（英国梧桐）

拉丁名：*Platanus acerifolia*（Ait.）Willd.

科属：悬铃木科悬铃木属

形态特征：落叶大乔木，高可达 30 m；树皮呈薄片状剥落；单叶，互生，阔卵形，宽 9~18 cm，长 8~16 cm，掌状 5~7 裂，稀为 3 裂；雄性球状花序无柄，雌性球状花序常有柄，花期 4—5 月；圆球形头状果序 3~5 个，直径 2~2.5 cm，9—10 月成熟。

生态习性：喜光，不耐阴；喜温暖、湿润的气候；对土壤要求不严，耐干旱、瘠薄，亦耐湿；根系浅，易风倒，萌芽力强，耐修剪；抗烟尘，抗硫化氢等有害气体，对氯气、氯化氢抗性弱；生长迅速，成荫快。

园林应用：树形优美，冠大荫浓，栽培容易，成荫快，耐污染，抗烟尘，对城市环境适应能力强，适宜作行道树。（见图 1-5）

图 1-5　二球悬铃木（英国梧桐）

◎ 山槐（山合欢）

拉丁名：*Albizia kalkora*（Roxb.）Prain

科属：豆科合欢属

形态特征：落叶小乔木或灌木，通常高 3~8 m；二回羽状复叶，互生，羽片 2~4 对，小叶 5~14 对，中脉稍偏于上侧；头状花序 2~7 枚生于叶腋，或于枝顶排成圆锥花序，花初为白色，后变黄，花期 5—6 月；荚果带状，8—10 月成熟。

生态习性：生长快，耐干旱、瘠薄。

园林应用：可用作行道树、庭荫树，或植为风景树。（见图 1-6）

图 1-6　山槐（山合欢）

◎ 槐（国槐、槐树）

拉丁名：*Sophora japonica* Linn.

科属：豆科槐属

形态特征：落叶乔木，高可达 25 m；树皮灰褐色，具纵裂纹；一回奇数羽状复叶，互生，羽状复叶长可达 25 cm，小叶 4~7 对，先端渐尖，具小尖头；圆锥花序顶生，花冠白色或淡黄色，花期 7—8 月；荚果串珠状，8—10 月成熟。

生态习性：耐寒；喜光，稍耐阴；不耐阴湿而抗旱，对土壤要求不严，较耐瘠薄，在石灰质及轻度盐碱性土壤中也能正常生长。

园林应用：速生性较强，又能防风固沙，是典型的用材林及经济林树种，也是城乡良好的遮阴树和行道树。（见图 1-7）

图 1-7　槐（国槐、槐树）

◎ 臭椿

拉丁名：*Ailanthus altissima*（Mill.）Swingle

科属：苦木科臭椿属

形态特征：落叶乔木，高可达 20 m；一回奇数羽状复叶，互生，长可达 40~60 cm，小叶对生或近对生，纸质，两侧各具 1 个或 2 个粗锯齿，齿背有腺体 1 个，叶揉碎后具臭味；圆锥花序长 10~30 cm，花淡绿色，花期4—5 月；翅果长椭圆形，种子位于翅的中间，扁圆形，8—10 月成熟。

生态习性：喜光，不耐阴；适应性强，除黏土外，在各种中性、酸性及钙质土壤中都能生长，适生于深厚、肥沃、湿润的砂质土壤，耐旱，不耐水湿；对氟化氢及二氧化硫抗性强；生长快，根系深，萌芽力强。

园林应用：在石灰岩地区生长良好，可作石灰岩地区的造林树种，也可作园林风景树和行道树；在北美洲、欧洲、亚洲不少城市作行道树应用；因树形优美而被称为"天堂树"。（见图 1-8）

图 1-8　臭椿

◎ 棟（苦棟、棟树）

拉丁名：*Melia azedarach* L.

科属：棟科棟属

形态特征：落叶乔木，高可达 10 m 以上；树皮灰褐色，纵裂；叶为 2~3 回奇数羽状复叶，长 20~40 cm，小叶对生，边缘有钝锯齿；圆锥花序约与叶等长，花芳香，花瓣淡紫色，花期 4—5 月；核果球形至椭圆形，长 1~2 cm，10—12 月成熟，熟时黄色。

生态习性：喜光；可耐寒，喜温暖、湿润的气候；不耐旱，忌积水；对二氧化硫的抗性较强。

园林应用：树形优美，叶形秀丽，春夏之交开淡紫色花朵，颇美丽，且有淡香，宜作行道树及庭荫树；加之耐烟尘、抗二氧化硫，是良好的城市及工矿区绿化树种；宜在草坪孤植、丛植，或配植于池边、路旁、坡地。（见图 1-9）

图 1-9　棟（苦棟、棟树）

◎ 香椿

拉丁名：*Toona sinensis*（A. Juss.）Roem.

科属：楝科香椿属

形态特征：落叶乔木；树皮呈片状剥落；一回偶数羽状复叶，互生，长 30~50 cm 或更长，小叶 16~20 枚；圆锥花序与叶等长或更长，花期 6—8 月；蒴果狭椭圆形，10—12 月成熟。

生态习性：喜光，苗期稍耐阴；能适应多种类型的土壤，但以湿润、深厚、疏松、肥沃的土壤最为适宜，在此类土壤中生长最迅速。

园林应用：树干通直，树冠开阔，枝叶浓密，嫩叶红艳，常用作行道树、庭荫树；园林中常配植于疏林，作上层树种，其下栽以耐阴花木。（见图 1—10）

图 1—10　香椿

◎ 黄连木

拉丁名：*Pistacia chinensis* Bunge

科属：漆树科黄连木属

形态特征：落叶乔木，高可达 20 m 以上；树干扭曲；树皮暗褐色，呈鳞片状剥落；一回偶数羽状复叶，互生，小叶 5~6 对，小叶基部偏斜，全缘；花单性异株，先花后叶，圆锥花序腋生，花期 3—4 月；核果倒卵状球形，9—10 月成熟，熟时紫红色。

生态习性：喜光，幼时耐阴；不耐严寒；对土壤要求不严，耐干旱、瘠薄；病虫害少，抗污染，耐烟尘；深根性，抗风力强，生长较慢，寿命长。

园林应用：常用作行道树、庭荫树，亦适于在草坪、山坡、墓地、寺庙中栽植；秋叶橙黄，可与常绿树种配植点缀秋景；更宜与槭类、枫香等色叶树种混植成风景林。（见图 1—11）

图 1—11　黄连木

◎ **复羽叶栾树（灯笼树）**

拉丁名：*Koelreuteria bipinnata* Franch.

科属：无患子科栾树属

形态特征：落叶乔木，高可达 20 m；二回羽状复叶，互生，叶长 45~70 cm，叶轴和叶柄常有短柔毛，小叶 9~17 枚；圆锥花序长 35~70 cm，黄色，花期 7—9 月；蒴果椭圆形或近球形，具 3 棱，淡紫红色，熟时褐色，长 4~7 cm，宽 3.5~5 cm。

生态习性：喜光，喜温暖、湿润的气候，深根性，适应性强，耐干旱，抗风，抗大气污染，速生。

园林应用：有较强的抗烟尘能力，是城市绿化理想的观赏树种；宜用作庭荫树、园景树及行道树。（见图 1-12）

图 1-12　复羽叶栾树（灯笼树）

◎ **冬青**

拉丁名：*Ilex chinensis* Sims

科属：冬青科冬青属

形态特征：常绿乔木，高可达 13 m；树皮灰黑色，光滑不裂；小枝条绿色，无毛；单叶，互生，革质，椭圆形或披针形，稀为卵形，长 5~11 cm，宽 2~4 cm，具圆齿；雌雄异株，花瓣紫红色，花期 4—6 月；果长球形，7—12 月成熟，红色。

生态习性：喜光，耐阴；不耐寒；喜肥沃的酸性土壤，较耐湿，但不耐积水；深根性，抗风能力强；萌芽力强，耐修剪；对有害气体有一定的抗性。

园林应用：树冠高大，四季常青，秋冬红果累累，宜用作行道树、庭荫树、园景树，也可用作绿篱、盆景；可孤植于草坪、水边，或列植于门庭、甬道；果枝可插瓶观赏。（见图 1-13）

图 1-13　冬青

◎**女贞**

拉丁名：*Ligustrum lucidum* Ait.

科属：木樨科女贞属

形态特征：常绿灌木或乔木，高可达 25 m；单叶，对生，革质，卵形、长卵形、椭圆形或宽椭圆形，长 6~17 cm，宽 3~8 cm；圆锥花序顶生，淡黄色，花期 5—7 月；果肾形或近肾形，9—11 月成熟，熟时红黑色，外被白粉。

生态习性：喜阳光，亦耐半阴；喜肥沃的弱酸性土壤，中性、弱碱性土壤亦能适应，在瘠薄、干旱的土壤中则生长慢。

园林应用：可作行道树；因有抗污染能力，也可作为工厂绿化树种。（见图 1-14）

图 1-14　女贞

◎**山杜英**

拉丁名：*Elaeocarpus sylvestris*（Lour.）Poir.

科属：杜英科杜英属

形态特征：常绿乔木，高可达 10 m；树皮灰褐色，光滑不裂；单叶，互生，纸质，倒卵形或倒披针形，长 4~8 cm，宽 2~4 cm，老叶掉落之前变成红色；总状花序生于枝顶叶腋内，长 4~6 cm，花序轴纤细，无毛，花白色，花期 6—7 月；核果椭圆形，长 1~1.2 cm，10—12 月成熟。

生态习性：喜温暖、潮湿的环境，耐寒性稍差；稍耐阴；根系发达，萌芽力强，耐修剪；喜排水良好、湿润、肥沃的酸性土壤；生长速度中等偏快；对二氧化硫抗性强。

园林应用：四季苍翠，枝叶茂密，树冠圆整，霜后部分叶变成红色，红绿相间，颇为美丽，宜在草坪、坡地、林缘、庭前、路口丛植，也可栽作其他花木的背景树，或列植成绿墙起隐蔽、遮挡及隔声的作用；因对二氧化硫抗性强，可选作工矿区绿化树种。（见图 1-15）

图 1-15　山杜英

◎梧桐

拉丁名：*Firmiana platanifolia*（L. f.）Marsili

科属：梧桐科梧桐属

形态特征：落叶乔木，高可达 16 m；树皮光滑，青绿色；单叶，互生，心形，掌状 3~5 裂，直径 15~30 cm；圆锥花序顶生，花淡黄绿色，花期 6 月；蓇葖果膜质，有柄，成熟前开裂成叶状，9—10 月成熟。

生态习性：喜光，耐侧阴；喜温暖的气候，稍耐寒。

园林应用：常用作行道树及庭园绿化观赏树。（见图 1-16）

图 1-16　梧桐

◎丝葵（老人葵、华盛顿棕榈）

拉丁名：*Washingtonia filifera*（Lind. ex Andre）H. Wendl.

科属：棕榈科丝葵属

形态特征：常绿乔木，高可达 20 m；树干被覆许多下垂的枯叶；叶大型，叶片直径可达 1.8 m，约分裂至中部而成 50~80 个裂片，在裂片之间及边缘具灰白色的丝状纤维，叶柄约与叶片等长，叶柄具刺；花序大型，弓状下垂，花期 7 月。

生态习性：喜温暖、湿润、向阳的环境，较耐寒；较耐旱，耐瘠薄。

园林应用：可作行道树，也适宜栽植于庭园观赏，孤植或丛植均可。（见图 1-17）

图 1-17　丝葵（老人葵、华盛顿棕榈）

第二章

庭荫树

TINGYINSHU

庭荫树是指栽植于庭园、绿地或公园以遮阴和观赏为目的的树木，所以庭荫树又称遮阴树、绿荫树。庭荫树早期多在庭园中孤植或对植，后发展到栽植于城市绿地及风景名胜区等地方。通常，庭荫树需要具备的条件包括：树冠高大，枝繁叶茂；无不良气味，无毒；少病虫害；生长较快，适应性强，管理简易，寿命较长；树形或花果有较高的观赏价值等。一般适合当地应用的行道树，都较宜用作庭荫树。

◎ **油松**

拉丁名：*Pinus tabuliformis* Carr.

科属：松科松属

形态特征：常绿乔木，高可达25 m；树皮灰褐色或褐灰色，裂成不规则、较厚的鳞状块片，裂缝及上部树皮红褐色；针叶，每束2针，深绿色，粗硬，长10~15 cm；花期4—5月；球果卵形或圆卵形，第二年10月成熟，熟时淡黄色或淡褐黄色。

生态习性：不耐水淹，对土壤养分要求不高，喜质地疏松的砂质土壤，不耐盐碱。

园林应用：姿态壮观，常作庭荫树，可孤植、对植或丛植。（见图2-1）

图2-1 油松

◎ **枫杨**

拉丁名：*Pterocarya stenoptera* C. DC.

科属：胡桃科枫杨属

形态特征：落叶大乔木，高可达30 m；树皮灰褐色，深纵裂；一回羽状复叶，互生，长8~16 cm，叶轴具翅；雄花为柔荑花序，腋生，长6~10 cm，雌花为柔荑花序，顶生，长10~15 cm，花期3—4月；果序长20~45 cm，果长椭圆形，8—9月成熟。

生态习性：喜光，略耐侧阴；对有害气体二氧化硫及氯气的抗性弱；初期生长较慢，后期生长速度加快。

园林应用：树冠宽广，枝叶茂密，生长迅速，根系发达，是常见的庭荫树和防护树，亦可作为行道树。（见图2-2）

图2-2 枫杨

◎ **杨树**

拉丁名: *Populus* L.

科属: 杨柳科杨属

形态特征: 落叶乔木; 树干通常端直; 单叶, 互生, 多为卵圆形、卵圆状披针形或三角状卵形, 齿状缘, 叶柄长, 侧扁或圆柱形; 柔荑花序下垂, 常先叶开放, 雄花序较雌花序稍早开放, 花期3—4月; 蒴果, 4—5月成熟。

生态习性: 阳性; 喜温暖的环境和湿润、肥沃、深厚的砂质土壤, 生长速度快。

园林应用: 宜作庭荫树和行道树; 能很快地形成绿化景观, 可与慢长树混栽, 待慢长树长大后再将其逐渐砍伐。 (见图2-3)

图 2-3 杨树

◎ **榉树**

拉丁名: *Zelkova serrata* (Thunb.) Makino

科属: 榆科榉属

形态特征: 落叶乔木, 高可达30 m; 树皮灰白色或褐灰色, 呈不规则的片状剥落; 单叶, 互生, 纸质, 大小及形状差异很大, 长3~10 cm, 宽1.5~5 cm, 卵形、椭圆形或卵状披针形, 边缘有圆齿状锯齿, 具短尖头; 花期4月; 核果, 9—11月成熟。

生态习性: 喜光, 略耐阴; 喜温暖的气候; 喜肥沃、湿润的土壤, 耐轻度盐碱, 不耐干旱、瘠薄; 深根性, 抗风力强; 耐烟尘, 抗污染; 寿命长。

园林应用: 可孤植、丛植于公园和广场的草坪、建筑旁作庭荫树, 也可与常绿树种混植作风景林, 也可列植于人行道、公路旁作行道树。 (见图2-4)

图 2-4 榉树

◎ 桑

拉丁名：*Morus alba* L.

科属：桑科桑属

形态特征：落叶乔木；树皮灰色，具不规则浅纵裂；单叶，互生，卵形或广卵形，长 5~15 cm，宽 5~12 cm，边缘锯齿粗钝；雌雄异株，雄花序下垂，长 2~3.5 cm，雌花序长 1~2 cm，花期 4~5 月；聚花果卵状椭圆形，5—8 月成熟，熟时红色或暗紫色。

生态习性：喜光，对气候、土壤的适应性都很强，耐寒，耐旱，不耐水湿，喜深厚、疏松、肥沃的土壤，能耐轻度盐碱；抗风，耐烟尘，抗有毒气体。

园林应用：是城市绿化的先锋树种，宜孤植作庭荫树，或混植于风景林。（见图 2-5）

图 2-5　桑

◎ 柘树

拉丁名：*Cudrania tricuspidata* (Carr.) Bur. ex Lavallee

科属：桑科柘属

形态特征：落叶灌木或小乔木；树皮灰褐色，有棘刺，刺长 5~20 mm；单叶，互生，卵形或菱状卵形，偶为 3 裂，长 5~14 cm，宽 3~6 cm；雌雄异株，雌雄花序均为球形头状花序，腋生，花期 5—6 月；聚花果近球形，6—7 月成熟，熟时橘红色。

生态习性：喜光，亦耐阴，耐寒；耐干旱、瘠薄，多生于山脊的石缝中，适生性很强；根系发达，生长较慢。

园林应用：叶秀果丽，适应性强，可在公园的边角、背阴处、街头绿地作庭荫树或刺篱；繁殖容易，经济用途广泛，是风景区用于绿化荒滩、保持水土的先锋树种。（见图 2-6）

图 2-6　柘树

◎荷花玉兰（洋玉兰、广玉兰）

拉丁名：*Magnolia grandiflora* L.

科属：木兰科木兰属

形态特征：常绿乔木，高可达 30 m；树皮灰褐色；小枝、芽及叶柄均密被褐色或灰褐色短绒毛，枝条上有环状托叶痕；单叶，互生，全缘，厚革质，椭圆形、长圆状椭圆形或倒卵状椭圆形，长 10~20 cm，宽 4~8 cm；花白色，芳香，直径 15~20 cm，花期 5—6 月；聚合果圆柱状，9—10 月成熟。

生态习性：阳性；喜温暖、湿润的气候，较耐寒；在肥沃、深厚、湿润、排水良好的酸性或中性土壤中生长良好；根系深广，颇能抗风；病虫害少；生长速度中等，实生苗生长缓慢。

园林应用：树姿雄伟壮丽，叶大荫浓，花似荷花，芳香馥郁，是美丽的园林绿化观赏树种；宜孤植、丛植或成排种植；荷花玉兰还能耐烟、抗风，对二氧化硫等有毒气体有较强的抗性，故又是净化空气、保护环境的良好树种。（见图 2-7）

图 2-7　荷花玉兰（洋玉兰、广玉兰）

◎木瓜

拉丁名：*Chaenomeles sinensis*（Thouin）Koehne

科属：蔷薇科木瓜属

形态特征：灌木或小乔木，高可达 10 m；树皮呈片状剥落；单叶，互生，叶片椭圆形或椭圆状长圆形，稀为倒卵形，长 5~8 cm，宽 3.5~5.5 cm，边缘有刺芒状尖锐锯齿；花单生于叶腋，花梗短粗，花直径 2.5~3 cm，淡粉红色，花期 4 月；果实长椭圆形，9—10 月成熟，熟时暗黄色，木质，芳香。

生态习性：生长缓慢，喜光照充足，耐旱，耐寒，对土壤适应性强。

园林应用：近年来，已成为国内许多高档别墅区与私家花园的首选景观树种，相继成为一些名园的镇园之宝（在我国古代，是庭园避邪之树，又称"降龙木"）。（见图 2-8）

图 2-8　木瓜

续图 2-8

◎ **石楠**

拉丁名：*Photinia serrulata* Lindl.

科属：蔷薇科石楠属

形态特征：常绿灌木或小乔木，高可达 12 m；单叶，互生，革质，长椭圆形、长倒卵形或倒卵状椭圆形，长 9~22 cm，宽 3~6.5 cm，边缘有锯齿；复伞房花序顶生，花白色，花期 4—5 月；果实球形，直径 5~6 mm，红色，10 月成熟。

生态习性：喜温暖、湿润的气候，抗寒力不强；喜光，也耐阴；对土壤要求不严，以肥沃、湿润的砂质土壤最为适宜；萌芽力强，耐修剪；对烟尘和有毒气体有一定的抗性。

园林应用：可作为庭荫树或绿篱栽植；根据园林绿化布局的需要，可修剪成球形或圆锥形等不同的造型。（见图 2-9）

图 2-9　石楠

◎ **椤木石楠**

拉丁名：*Photinia davidsoniae* Rehd. et Wils.

科属：蔷薇科石楠属

形态特征：常绿乔木，高 6~15 m；老枝具刺；单叶，互生，革质，长圆形或倒披针形，稀为椭圆形，长 5~15 cm，宽 2~5 cm；花密集成顶生复伞房花序，白色，花期 5 月；果实球形或卵形，黄红色，9—10 月成熟。

生态习性：喜温暖、湿润、阳光充足的环境，耐寒，耐阴，耐干旱；萌芽力强，耐修剪。

园林应用：常栽植于庭园及墓地附近，冬季叶片常绿并缀有黄红色果实，非常美观。（见图 2-10）

图 2-10　椤木石楠

◎ **光叶石楠**

拉丁名：*Photinia glabra*（Thunb.）Maxim.

科属：蔷薇科石楠属

形态特征：常绿乔木；树皮红褐色，呈薄片状剥落；单叶，互生，革质，幼时及老时皆呈红色，椭圆形、长圆形或长倒卵形，长 5~9 cm，宽 2~4 cm，边缘有细锯齿，两面无毛；复伞房花序顶生，花直径 7~8 mm，花瓣白色，花期 4—5 月；果实卵形，长约 5 mm，红色，9—10 月成熟。

生态习性：喜温暖、湿润的气候，抗寒力不强；喜光，也耐阴；对土壤要求不严。

园林应用：地栽于庭园十分相宜，可孤植、丛植，或作绿篱，是城镇绿化、美化的优良树种。（见图 2-11）

图 2-11　光叶石楠

◎ 银荆

拉丁名：*Acacia dealbata* Link

科属：豆科金合欢属

形态特征：常绿乔木，高可达 15 m；嫩枝及叶轴被灰色短绒毛；二回羽状复叶，互生，银灰色至淡绿色，腺体位于叶轴上着生羽片的地方；头状花序直径 6~7 mm，复排成总状花序，花淡黄或橙黄色，花期 4 月；荚果长圆形，7—8 月成熟。

生态习性：强阳性树种，树冠具有趋光性，在幼龄期需要充足的光照；喜凉爽、湿润的亚热带气候；对土壤要求不严，有较强的耐旱能力。

园林应用：多用于土壤改良和绿化观赏。（见图 2-12）

图 2-12　银荆

◎ 合欢

拉丁名：*Albizia julibrissin* Durazz.

科属：豆科合欢属

形态特征：落叶乔木，高可达 16 m；二回羽状复叶，互生，总叶柄近基部及最顶部一对羽片着生处各有 1 枚腺体，羽片 4~12 对，小叶 10~30 对，线形至长圆形；头状花序于枝顶排成圆锥花序，花粉红色，花期 6—7 月；荚果带状，8—10 月成熟。

生态习性：喜光；喜温暖的气候，耐寒；耐旱，耐土壤瘠薄及轻度盐碱；对二氧化硫、氯化氢等有害气体有较强的抗性。

园林应用：多用作庭荫树、行道树或观花树，或点缀栽培于各种绿地。（见图 2-13）

图 2-13　合欢

◎ 黄檀（不知春）

拉丁名：*Dalbergia hupeana* Hance

科属：豆科黄檀属

形态特征：落叶乔木，高可达 20 m；树皮暗灰色，呈薄片状剥落；羽状复叶，互生，长 15~25 cm，小叶 3~5 对，椭圆形至长圆状椭圆形，先端常凹入；圆锥花序，花冠白色或淡紫色，花期 5—7 月；荚果长圆形，9—10 月成熟。

生态习性：喜光；耐干旱、瘠薄，不择土壤；深根性，萌芽力强。

园林应用：是荒山、荒地绿化的先锋树种，可作为石灰质土壤绿化树种，也可作为庭荫树、风景树、行道树应用。（见图 2-14）

图 2-14　黄檀（不知春）

◎ 无患子

拉丁名：*Sapindus mukorossi* Gaertn.

科属：无患子科无患子属

形态特征：落叶大乔木，高可达 20 m 以上；树皮灰褐色或黑褐色；一回羽状复叶，互生，25~45 cm 或更长，小叶 5~8 对；花序顶生，圆锥形，花期 4—5 月；果直径 2~2.5 cm，橙黄色，干时变黑。

生态习性：喜光，稍耐阴；喜温暖的气候，稍耐寒；对土壤要求不严。

园林应用：可作庭荫树及行道树。（见图 2-15）

图 2-15　无患子

◎喜树

拉丁名：*Camptotheca acuminata* Decne.

科属：蓝果树科喜树属

形态特征：落叶乔木，高可达 20 m 以上；单叶，互生，纸质，矩圆状卵形或矩圆状椭圆形，长 12~28 cm，宽 6~12 cm；头状花序近球形，直径 1.5~2 cm，雌雄同株，花期 5—7 月；翅果矩圆形，长 2~2.5 cm，幼时绿色，干后变成黄褐色，9 月成熟。

生态习性：喜光，稍耐阴；喜温暖、湿润的气候；较耐水湿，一般在地下水位较高的河滩、湖池堤岸或渠道旁生长最佳。

园林应用：宜作庭荫树及行道树。（见图 2-16）

图 2-16　喜树

◎光皮梾木

拉丁名：*Swida wilsoniana*（Wanger.）Sojak

科属：山茱萸科梾木属

形态特征：落叶乔木，高 5~18 m；树皮灰色至青灰色，呈块状剥落；单叶，对生，纸质，椭圆形或卵状椭圆形，长 6~12 cm，宽 2~5.5 cm；圆锥状聚伞花序顶生，花小，白色，花期 5 月；核果球形，10—11 月成熟，熟时紫黑色。

生态习性：较喜光；耐寒，亦耐热；喜生于石灰岩的林间；在排水良好、湿润、肥沃的土壤中生长旺盛；深根性，萌芽力强。

园林应用：树干挺拔，树皮斑斓，叶茂荫浓，初夏开满树银花，是理想的庭荫树及行道树。（见图 2-17）

图 2-17　光皮梾木

◎ **毛泡桐**

拉丁名：*Paulownia tomentosa*（Thunb.）Steud.

科属：玄参科泡桐属

形态特征：落叶乔木，高可达 20 m；树冠伞形；树皮褐灰色；单叶，互生，叶片心脏形，长可达 40 cm，背面密被绒毛；圆锥花序顶生，花冠紫色，漏斗状钟形，长 5~7.5 cm，花期 4—5 月；蒴果卵圆形，8—9 月成熟。

生态习性：耐寒，耐旱，耐盐碱，耐风沙，对气候的适应性很强。

园林应用：叶片被毛，会分泌一种黏性物质，能吸附大量烟尘及有毒气体，是城镇绿化及营造防护林的优良树种。（见图 2-18）

图 2-18　毛泡桐

◎ **白花泡桐**

拉丁名：*Paulownia fortunei*（Seem.）Hemsl.

科属：玄参科泡桐属

形态特征：落叶乔木，高可达 30 m；主干直，树冠圆锥形；幼枝、叶、花序各部和幼果均被毛；单叶，互生；花白色，先叶开放，花序圆柱形，花冠管状漏斗形，长 8~12 cm，内部密布紫色细斑块，花期 3—4 月；果皮木质，果期 7—8 月。

生态习性：喜光，较耐阴；耐寒性不强；对瘠薄的土壤有较强的适应性；幼年时生长极快，是速生树种。

园林应用：树姿优美，花大而美丽，叶密而大，是良好的庭荫树和行道树；抗污染性较强，是城市和工矿区绿化的良好树种。（见图2-19）

图 2-19　白花泡桐

第三章

孤赏树

GUSHANGSHU

孤赏树又称孤植树、标本树、赏形树或独植树，指为表现树木的形体美，而独立成为景观供人观赏的树种。孤赏树作为园林空间的主景，应选择能展示个体美的树种。在开阔的空间里，孤赏树常以草坪为基底、以天空为背景，也可配植在水边，以明亮的水色为背景，产生良好的倒影效果。

◎ **苏铁**

拉丁名：*Cycas revoluta* Thunb.

科属：苏铁科苏铁属

形态特征：常绿小乔木；羽状叶从茎的顶部生出，整个羽状叶的轮廓呈倒卵状狭披针形，长 75~200 cm，羽状裂片达 100 对以上，条形，厚革质，坚硬，长 9~18 cm，宽 4~6 mm；雌雄异株，雄花圆柱形，雌花球形，花期 6—7 月；种子橘红色，10 月成熟。

生态习性：喜光，稍耐阴；喜温暖，不甚耐寒；喜肥沃、湿润、弱酸性的土壤，但也能耐干旱。

园林应用：树形奇特，叶片苍翠，颇具热带风光的韵味，可与山石配植成景。（见图 3-1）

图 3-1　苏铁

◎ **雪松**

拉丁名：*Cedrus deodara*（Roxb.）G. Don

科属：松科雪松属

形态特征：常绿乔木，高可达 50 m；树皮深灰色，裂成不规则的鳞状块片；叶针形，坚硬，在长枝上螺旋状互生，在短枝上簇生，长 2.5~5 cm；雄球花长 2~3 cm，直径约 1 cm，雌球花长约 8 mm，直径约 5 mm；球果成熟前淡绿色，微有白粉，熟时红褐色。

生态习性：喜光，稍耐阴；喜温暖、湿润的气候，耐寒，抗旱性强；适生于肥沃、土层深厚的中性、弱酸性土壤，对弱碱性土壤亦可适应；忌积水，在低洼地生长不良。

园林应用：高大雄伟，树形优美，是世界上著名的观赏树树种之一，可在庭园中对植，也适宜孤植或群植于草坪中。（见图 3-2）

图 3-2 雪松

◎ **金钱松**

拉丁名：*Pseudolarix amabilis*（Nelson）Rehd.

科属：松科金钱松属

形态特征：落叶乔木，高可达 40 m；树干通直；树皮粗糙，灰褐色，裂成不规则的鳞状块片；叶条形，长 2~5.5 cm，宽 1.5~4 mm，在长枝上螺旋状散生，在短枝上簇生，秋后叶呈金黄色；雄球花黄色，雌球花紫红色，花期 4 月；球果，10 月成熟。

生态习性：喜光，幼树耐阴；喜湿润的气候，耐低温；喜深厚、肥沃、排水良好的酸性土壤，在中性土壤中亦可以正常生长；深根性，有菌根，不耐旱，不耐积水；抗风，抗雪压；生长速度中等偏慢，寿命长。

园林应用：树姿优美，秋叶金黄，是名贵的庭园观赏树种；与南洋杉、雪松、日本金松、巨杉合称为世界五大庭园树种；可孤植或丛植在草坪一角或池边、溪旁，也可列植作园路树，也可与各种常绿针、阔叶树种混植点缀秋景；从生长角度来看，以群植成纯林为好；幼苗、幼树是常用的盆景植物。（见图 3-3）

图 3-3 金钱松

◎ 白皮松

拉丁名：*Pinus bungeana* Zucc. ex Endl.

科属：松科松属

形态特征：常绿乔木，高可达 30 m；树冠宽塔形至伞形；老树皮灰白色，呈不规则的鳞片状剥落后，露出淡黄绿色的新树皮；冬芽卵圆形，红褐色；针叶，每束 3 针，粗硬，长 5~10 cm；花期 4—5 月；球果，次年 10—11 月成熟。

生态习性：喜光，耐旱，耐瘠薄，能适应钙质黄土及轻度盐碱土壤；对二氧化硫有较强的抗性。

园林应用：树姿优美，树皮奇特，可孤植或对植，也可丛植成林或作行道树；同样适于在庭园中栽植，是优良的庭园树种，也是我国特有的树种。（见图 3-4）

图 3-4　白皮松

◎ 日本五针松

拉丁名：*Pinus parviflora* Sieb. et Zucc.

科属：松科松属

形态特征：常绿乔木；树皮暗灰色，呈鳞状块片剥落；针叶，每束5针，微弯曲，长 3.5~5.5 cm；球果卵圆形或卵状椭圆形，长 4~7.5 cm，直径 3.5~4.5 cm。

生态习性：喜光，稍耐阴；喜凉爽、湿润的气候，忌阴湿，畏酷热，喜通风良好的环境；喜腐殖质丰富的山泥或灰化黄壤，耐旱，不耐湿；耐修剪，易整形；生长缓慢，寿命长。

园林应用：姿态苍劲秀丽，松叶葱郁纤秀，富有诗情画意，集松类树种的气、色、神之大成，是名贵的观赏树种；可孤植配奇峰怪石，也可整形后在公园、庭园、宾馆作点景树，同时适宜与各种古典或现代的建筑配植；可列植于园路两侧作园路树，亦可在园路转角处丛植。（见图 3-5）

图 3-5　日本五针松

◎ 柳杉

拉丁名：*Cryptomeria fortunei* Hooibrenk ex Otto et Dietr.

科属：杉科柳杉属

形态特征：乔木，高可达 40 m；树皮红棕色，纤维状，呈长条片剥落；叶钻形，略向内弯曲，先端内曲；雄球花单生于叶腋，雌球花顶生于短枝上，花期 4 月；球果圆球形或扁球形，10 月成熟。

生态习性：中等喜光，耐阴；喜温暖、湿润的气候，略耐寒；夏季怕酷热及干旱；根系较浅，抗风力差；对二氧化硫、氯气、氟化氢等有较强的抗性。

园林应用：可孤植、对植、群植，可作庭荫树或行道树，是良好的绿化和环保树种，也是我国特有的树种。（见图 3-6）

图 3-6　柳杉

◎ 圆头柳杉

拉丁名：*Cryptomeria japonica*（L. f.）D. Don cv. *Yuantouliusha*

科属：杉科柳杉属

形态特征：常绿乔木；树干短缩，枝开展或平展，侧枝密生，形成圆球形树冠；叶钻形，先端通常不内曲；花期 4 月；球果近球形，10 月成熟。

生态习性：中等喜光，耐阴；喜温暖、湿润的气候，略耐寒；夏季怕酷热及干旱；根系较浅，抗风力差；对二氧化硫、氯气、氟化氢等有较强的抗性。

园林应用：可作庭园树、孤赏树。（见图 3-7）

图 3-7　圆头柳杉

◎圆柏

拉丁名：*Sabina chinensis*（L.）Ant.

科属：柏科圆柏属

形态特征：常绿乔木，高可达 20 m；树形为圆柱形；树皮深灰色，纵裂，呈条片开裂；叶两型，即刺叶及鳞叶，鳞叶紧贴于枝条表面，刺叶通常三叶交互轮生；雌雄异株，稀同株；球果近圆球形，两年成熟，熟时暗褐色。

生态习性：喜光，较耐阴；喜凉爽、温暖的气候，耐寒，耐热；喜湿润、肥沃、排水良好的土壤，对土壤要求不严，在钙质、中性、弱酸性土壤中都能生长，耐旱；深根性，忌积水；耐修剪，易整形；对二氧化硫、氯气和氟化氢抗性较强。

园林应用：幼龄树树冠圆锥形，树形优美，大树干枝扭曲，姿态奇特，可以独树成景，是我国传统的园林树种；古庭园、古寺庙等风景名胜区多有千年古柏；可以群植于草坪边缘作背景，或丛植于片林，或镶嵌于树丛边缘、建筑附近。（见图 3-8）

图 3-8　圆柏

◎ 粉柏

拉丁名：*Sabina squamata*（Buch.–Hamilt.）Ant. cv. *Meyeri*

科属：柏科圆柏属

形态特征：直立灌木；叶排列紧密，两面被白粉，条状披针形，长 6~10 mm，先端渐尖；球果卵圆形或近球形，长约 6 mm，成熟前绿色或黄绿色，熟后黑色或蓝黑色。

生态习性：喜光，耐侧阴；喜凉爽、湿润的气候，耐寒性强；喜肥沃的钙质土壤；耐修剪；生长慢，寿命长。

园林应用：适合孤植点缀假山石、庭园或建筑，尤其适宜与岩石配植，同时也是优良的盆景植物。（见图 3–9）

图 3–9　粉柏

◎ 线柏

拉丁名：*Chamaecyparis pisifera*（Sieb. et Zucc.）Endl. cv. *Filifera*

科属：柏科扁柏属

形态特征：常绿灌木或小乔木；树冠卵状球形或近球形，通常宽大于高；枝叶浓密，绿色或淡绿色，小枝细长下垂，鳞叶先端锐尖。

生态习性：适应性较强，生长缓慢。

园林应用：可在庭园中栽植，在华北多用作盆景植物。（见图 3–10）

图 3–10　线柏

◎ **罗汉松**

拉丁名：*Podocarpus macrophyllus*（Thunb.）D. Don

科属：罗汉松科罗汉松属

形态特征：常绿乔木，高可达 20 m；树皮灰褐色，浅纵裂，呈薄片状剥落；叶螺旋状着生，条状披针形，微弯，长 7~12 cm，宽 7~10 mm；雄球花穗状，雌球花单生，花期 4—5 月；种子卵圆形，直径约 1 cm，8—9 月成熟。

生态习性：喜光，耐半阴；喜温暖、湿润的环境，耐寒力稍弱；耐修剪；适生于排水良好、深厚、肥沃、湿润的土壤。

园林应用：宜孤植、对植或与树丛配植，可修整成塔形或球形，也可整形后作景点布置。（见图 3-11）

图 3-11　罗汉松

◎ **垂柳**

拉丁名：*Salix babylonica* L.

科属：杨柳科柳属

形态特征：落叶乔木，高达 12~18 m；树冠开展而疏散；树皮灰黑色，不规则开裂；枝细，下垂；单叶，互生，狭披针形或线状披针形，长 9~16 cm，宽 0.5~1.5 cm，锯齿缘；柔荑花序，花期 3—4 月；蒴果，4—5 月成熟。

生态习性：喜光；喜温暖、湿润的气候，较耐寒，耐水湿；萌芽力强，根系发达；生长迅速，但寿命较短。

园林应用：常植于河、湖、池边点缀园景，也可作行道树和护堤树。（见图 3-12）

图 3-12　垂柳

◎ 龙爪榆

拉丁名：*Ulmus pumila* L. cv. *Pendula*

科属：榆科榆属

形态特征：落叶乔木；树皮暗灰色，不规则深纵裂；小枝有散生皮孔，卷曲或扭曲而下垂；叶椭圆状卵形、长卵形、椭圆状披针形或卵状披针形，长 2~8 cm，宽 1.2~3.5 cm，边缘具锯齿；花先叶开放，翅果近圆形，花果期 3—6 月。

生态习性：喜光；抗干旱，耐盐碱，耐土壤瘠薄，不耐水湿；根系发达；对有害气体有较强的抗性。

园林应用：常对植于门口或建筑物入口两旁，或列植于建筑物边、道路边。（见图 3-13）

图 3-13　龙爪榆

◎ 榔榆

拉丁名：*Ulmus parvifolia* Jacq.

科属：榆科榆属

形态特征：落叶乔木，高可达 25 m；树冠广圆形；树皮灰褐色，呈不规则鳞状薄片剥落，露出红褐色内皮，微凹凸不平；单叶，互生，质地厚，披针状卵形或窄椭圆形，稀为卵形或倒卵形，长 1.7~8 cm（常 2.5~5 cm），宽 0.8~3 cm（常 1~2 cm），边缘有锯齿；花 3~6 朵簇生于叶腋，秋季开放；果 8—10 月成熟。

生态习性：阳性，喜光；耐旱，耐瘠薄，耐湿，不择土壤，对土壤适应性很强；萌芽力强，耐修剪；生长速度中等，寿命长；具抗污染性，叶面滞尘能力强。

园林应用：树形优美，树皮斑驳，枝叶细密，可在庭园中孤植、丛植，与亭榭、山石配植也很合适，也可选作矿区绿化树种。（见图 3-14）

图 3-14　榔榆

◎ **朴树**

拉丁名：*Celtis sinensis* Pers.

科属：榆科朴属

形态特征：落叶乔木，冠大荫浓；单叶，互生，卵形或卵状椭圆形，三出脉，叶基歪斜，边缘有锯齿；花单朵生于叶腋，花期3—4月；果直径5~7 mm，9—10月成熟，熟时橙黄色。

生态习性：喜光；喜湿润、疏松的土壤，耐干旱、瘠薄，耐轻度盐碱，耐水湿；深根性；抗风；耐烟尘，抗污染；萌芽力强，生长较快，寿命长。

园林应用：树冠圆满宽广，树荫浓郁，最适合在公园、庭园作庭荫树，也可以在街道、公路列植作行道树。（见图3-15）

图3-15　朴树

◎ **枫香树**

拉丁名：*Liquidambar formosana* Hance

科属：金缕梅科枫香树属

形态特征：落叶乔木，高可达30 m；树皮灰褐色，呈方块状剥落；单叶，互生，薄革质，阔卵形，掌状3裂，中央裂片较长，先端尾状渐尖；雄花为短穗状花序，雌花为头状花序，花期3—4月；蒴果球形，10月成熟。

生态习性：喜温暖、湿润的气候；喜光；耐干旱、瘠薄的土壤，不耐水涝；深根性，主根粗长；抗风力强，不耐移植及修剪。

园林应用：树干通直，树体雄伟，秋叶红艳，以丛植、群植为宜，是南方著名的秋色叶树种；亦可孤植或丛植于草坪、广场，并配以银杏、无患子等秋季树叶变黄树种，使秋景更为丰富、灿烂；对有害气体抗性强，可用作工厂区绿化树种。（见图3-16）

图3-16　枫香树

◎柞木

拉丁名：*Xylosma racemosum*（Sieb. et Zucc.）Miq.

科属：大风子科柞木属

形态特征：常绿小乔木；树皮棕灰色，裂片向上反卷；幼时有枝刺；单叶，互生，薄革质，通常雌株的叶形状不一，菱状椭圆形至卵状椭圆形，长 4~8 cm，宽 2.5~3.5 cm；花小，总状花序腋生，淡黄色，花期春季；浆果黑色，球形，冬季成熟。

生态习性：喜温暖、湿润的气候，较耐寒；喜光，稍耐阴；较喜肥沃的土壤，不耐瘠薄，不耐水湿；萌芽力相当强。

园林应用：宜作庭园观赏树，也可植于建筑物旁作景观树。（见图 3-17）

图 3-17　柞木

◎龙爪槐

拉丁名：*Sophora japonica* Linn. var. *japonica* f. *pendula* Hort.

科属：豆科槐属

形态特征：落叶乔木；枝条弯曲并下垂，一回奇数羽状复叶，互生；圆锥花序顶生，花冠白色或淡黄色，花期7—8月；荚果串珠状，8—10月成熟。

生态习性：同槐树。

园林应用：枝条下垂，姿态优美，是优良的观赏树种，宜孤植、对植、列植。（见图3-18）

图3-18　龙爪槐

◎皂荚

拉丁名：*Gleditsia sinensis* Lam.

科属：豆科皂荚属

形态特征：落叶乔木，高可达 30 m；枝灰色，刺粗壮，常分枝，长达 16 cm；一回偶数羽状复叶，长 10~18 cm，小叶 3~9 对，纸质；花杂性，黄白色，组成总状花序，腋生或顶生，花期3—5月；荚果带状，长 12~37 cm，5—12 月成熟。

生态习性：喜光，稍耐阴；喜温暖、湿润的气候，有一定的耐寒能力；对土壤要求不严，耐盐碱，在干燥、瘠薄的土壤中生长不良；深根性；生长慢，寿命较长。

园林应用：树冠圆满宽阔，浓荫蔽日，适宜作庭荫树、行道树，也可以在丘陵地区作造林树种。（见图3-19）

图3-19　皂荚

◎ 鸡爪槭

拉丁名：*Acer palmatum* Thunb.

科属：槭树科槭属

形态特征：落叶小乔木；单叶，对生，纸质，直径 7~10 cm，掌状 5~9 裂，通常 7 裂，裂片具尖锐锯齿；花紫色，杂性，雄花与两性花同株，花期 5 月；翅果嫩时紫红色，熟时淡棕黄色，9 月成熟。

生态习性：喜温暖、湿润的气候；适生于肥沃、疏松的土壤，不耐涝，较耐旱。

园林应用：多植于草坪、溪边、池畔、墙隅或山石间。（见图 3-20）

图 3-20　鸡爪槭

◎ 三角槭

拉丁名：*Acer buergerianum* Miq.

科属：槭树科槭属

形态特征：落叶乔木；树皮褐色或深褐色，粗糙；单叶，对生，纸质，长 6~10 cm，通常浅 3 裂，裂片边缘通常全缘，稀具少数锯齿；花多数顶生，直径约 3 cm，淡黄色，花期 4 月；翅果黄褐色，8 月成熟。

生态习性：喜光，稍耐阴；喜温暖、湿润的气候，稍耐寒；较耐水湿；耐修剪。

园林应用：宜孤植、丛植作庭荫树，也可作行道树及护岸树；在湖岸、溪边、谷地、草坪配植，或点缀于亭廊、山石间都很合适；其老桩常制成盆景，主干扭曲，颇为奇特；此外，江南一带也栽作绿篱，别具风味。（见图3-21）

图 3-21 三角槭

◎ 湖北梣（对节白蜡）

拉丁名：*Fraxinus hupehensis*

科属：木樨科梣属

形态特征：落叶大乔木，高可达 19 m；树皮深灰色，老时纵裂；一回奇数羽状复叶，对生，长7~15 cm，小叶 7~9 枚，叶缘具锯齿；花杂性，聚伞圆锥花序，花期2—3月；翅果匙形，9月成熟。

生态习性：喜光，稍耐寒，耐干旱、瘠薄，萌芽力极强，耐修剪，生长缓慢，寿命长。

园林应用：对节白蜡盆景被誉为"活化石"或"盆景之王"；对节白蜡是世界上仅存的木樨白蜡名贵树种，是世界上景点、盆景、根雕家族的极品；树形优美，盘根错节，是良好的园林观赏树种，群植或孤植均可。（见图3-22）

图 3-22 湖北梣（对节白蜡）

◎ **棕榈**

拉丁名：*Trachycarpus fortunei* (Hook.) H. Wendl.

科属：棕榈科棕榈属

形态特征：常绿乔木；树干圆柱形，被棕色网状纤维；叶片掌状裂，深裂成 30~50 片线状剑形裂片，裂片宽 2.5~4 cm，长 60~70 cm；雌雄异株，花序粗壮，花期 4 月；果 12 月成熟，熟时由黄色变为淡蓝色。

生态习性：热带及亚热带树种；喜温暖、湿润的气候，较耐寒；耐阴；适生于排水良好、疏松、肥沃、湿润的土壤，弱酸性、中性及石灰质土壤均能适应；过湿之地，易腐根；浅根性，易风倒。

园林应用：是我国栽培历史较长的棕榈类植物之一，是庭园常用的观赏树种；可孤植、丛植，可在水边种植，也可作行道树，但遮阴效果差。（见图 3-23）

图 3-23　棕榈

◎ **加拿利海枣**

拉丁名：*Phoenix canariensis*

科属：棕榈科刺葵属

形态特征：常绿乔木，高可达 20 m；树干直立，不分枝，树干上分布着紧密排列的菱形叶痕；叶大型，羽状裂，排成整齐的两列，叶先端略侧弯；肉穗状花序，花期 5—7 月；果实为球形的肉质浆果，8—9 月成熟，熟时橙黄色。

生态习性：喜光，耐半阴；耐酷热，也能耐寒；耐盐碱，耐贫瘠，在肥沃的土壤中生长迅速；极为抗风。

园林应用：多列植或丛植，树形挺拔，富有热带风韵。（见图 3-24）

图 3-24　加拿利海枣

◎ 林刺葵

拉丁名：*Phoenix sylvestris* Roxb.

科属：棕榈科刺葵属

形态特征： 常绿乔木，高可达 16 m；半球形树冠；叶长 3~5 m，叶柄短，羽片剑形，螺旋状排列；花序长 60~100 cm，直立，分枝花序纤细，白色，具香味，花期 4—5 月；果序长约 1 m，9—10 月成熟。

生态习性：耐高温；耐水淹，耐干旱，耐盐碱，对土壤要求不严，但以肥沃、排水良好的有机土壤为最佳。

园林应用：可孤植作景观树，或列植为行道树，也可群植造景，十分壮观；应用于住宅小区、道路绿化，庭园、公园造景等效果极佳；为优美的热带风光树。（见图 3-25）

图 3-25　林刺葵

第四章

群植树

QUNZHISHU

　　将二三十株以至数百株乔木、灌木成群配植称为群植，适宜群植的树木称为群植树。群植树的选择条件比较宽泛，一般都选择那些栽植在一起有良好景观效果的乡土树种。群植树常植于面积较大、较为开阔的绿地，尤其在风景区中较为常见。当群植树的数量和占地面积都足够大时，它既可以构成森林景观，又可以发挥特别的防护功能。

◎ 马尾松

拉丁名：*Pinus massoniana* Lamb.

科属：松科松属

形态特征：常绿乔木，高可达 45 m；树皮红褐色，裂成不规则的鳞状块片；针叶，每束 2 针，长 12~20 cm，细柔；雄球花淡红褐色，雌球花单生或 2~4 朵聚生，花期 4—5 月；球果卵圆形或圆锥状卵圆形，第二年 10—12 月成熟。

生态习性：强阳性，不耐阴；喜温暖、湿润的气候，耐寒性差。

园林应用：高大雄伟，姿态奇特，适于在山涧、池畔、道旁配植，适合用于山地造林；也可在庭前、亭旁、假山之间孤植。（见图 4-1）

图 4-1　马尾松

◎ 黑松

拉丁名：*Pinus thunbergii* Parl.

科属：松科松属

形态特征：常绿乔木，高可达 30 m；树皮灰黑色，呈块片状剥落；冬芽银白色，圆柱形；针叶，每束 2 针，墨绿色，有光泽，粗硬，长 6~12 cm；雄球花淡红褐色，雌球花单生或 2~3 朵聚生，花期 4—5 月；球果，第二年 10 月成熟，熟时褐色。

生态习性：喜光；喜温暖、湿润的海洋性气候，耐潮风，对海崖环境适应能力较强；对土壤要求不严，不耐积水。

园林应用：适宜作海崖风景林、防护林、海滨行道树、庭荫树；在公园和绿地内，整枝造型后可配植于假山、花坛或孤植于草坪。（见图 4-2）

图 4-2　黑松

◎ 火炬松

拉丁名：*Pinus taeda* L.

科属：松科松属

形态特征：常绿乔木，高可达 30 m；树皮灰褐色，呈鳞片状开裂；针叶，约 80% 每束 3 针，每束 2 针的少见，长 12~25 cm；球果卵状圆锥形或窄圆锥形，熟时暗红褐色。

生态习性：喜光；喜温暖、湿润的气候；在中国引种区内，一般垂直分布在 500 m 以下的低山、丘陵、岗地，海拔超过 500 m 则生长不良。

园林应用：生长快，树干通直，适应性较强，对松毛虫有一定的抗性，是引种成功的观赏绿化树种之一。（见图 4-3）

图 4-3　火炬松

◎ 池杉

拉丁名：*Taxodium ascendens* Brongn.

科属：杉科落羽杉属

形态特征：落叶乔木，高可达 25 m；树冠呈尖塔形；树干基部膨大，在低湿地生长的池杉通常有屈膝状呼吸根；树皮褐色，纵裂，呈长条状剥落；叶微内曲，在枝上螺旋状伸展；花期 3—4 月；球果熟时褐黄色，10 月成熟。

生态习性：阳性，不耐阴；喜温暖、湿润的气候，稍耐寒；适生于深厚、疏松的酸性或弱酸性土壤，耐涝，也能耐旱；生长迅速，抗风力强，萌芽力强。

园林应用：树形婆娑，枝叶秀丽，适生于水边湿地，可在河边和低洼地区种植，也可在园林中孤植、丛植、群植、配植，亦可列植作行道树。（见图 4-4）

图 4-4　池杉

◎水杉

拉丁名：*Metasequoia glyptostroboides* Hu et Cheng

科属：杉科水杉属

形态特征：落叶乔木，高可达 35 m；树干基部常膨大；树冠广圆形；树皮灰褐色，呈长条状剥落；叶条形，对生，在侧生小枝上列成 2 列，羽状；花期 2 月；球果下垂，11 月成熟，熟时深褐色。

生态习性：喜光，耐侧阴；喜湿润的气候，略耐低温。

园林应用：最适于在湖滨、池畔列植、丛植或群植。（见图 4-5）

图 4-5　水杉

◎柏木

拉丁名：*Cupressus funebris* Endl.

科属：柏科柏木属

形态特征：乔木，高可达 35 m；树皮淡褐灰色，裂成窄长条；小枝细长下垂；鳞叶，绿色，先端锐尖；花期 3—5 月；果实第二年 5—6 月成熟。

生态习性：喜光，稍耐侧阴；喜温暖、湿润的气候；对土壤适应性强，喜深厚、肥沃的钙质土壤，是中亚热带地区钙质土壤的指示树种，耐干旱、瘠薄，也耐水湿；抗有害气体能力强。

园林应用：是我国特有的树种，可以成丛、成片配植在草坪边缘、风景区、森林公园等处，也可在陵园作甬道树或在纪念性建筑物周围配植，还可在门庭两边、道路入口对植。（见图 4-6）

图 4-6　柏木

◎ 构树

拉丁名：*Broussonetia papyrifera*

科属：桑科构属

形态特征：落叶乔木，高 10~20 m；树皮暗灰色；单叶，长 6~18 cm，宽 5~9 cm，螺旋状排列，叶形多变，表面粗糙，疏生糙毛，背面密被茸毛，边缘具粗锯齿；雌雄异株，雄花序为柔荑花序，粗壮，长 3~8 cm，雌花序为球形头状花序，花期 4—5 月；聚花果直径 1.5~3 cm，6—7 月成熟，熟时橙红色。

生态习性：喜光，对气候、土壤的适应性都很强，耐干旱、瘠薄，亦耐湿；生长快，病虫害少；根系浅，侧根发达，根蘖性强；对烟尘及多种有毒气体抗性强。

园林应用：枝叶茂密，适应性强，可作庭荫树及防护林树种，是工矿区绿化的优良树种；在城市行人较多处宜种植雄株，以免果实掉落形成地面污染；在人迹较少的公园偏僻处、防护林带等处可种植雌株，聚花果能吸引鸟类觅食，以增添山林野趣。（见图 4-7）

图 4-7 构树

◎ 红毒茴（莽草）

拉丁名：*Illicium lanceolatum* A. C. Smith

科属：木兰科八角属

形态特征：常绿灌木或小乔木；单叶，互生，革质，披针形、倒披针形或倒卵状椭圆形，长 5~15 cm，宽 1.5~4.5 cm；花腋生或近顶生，红色或深红色，花期 4—6 月；聚合蓇葖果，先端有小尖头，8—10 月成熟。

生态习性：喜阴，喜肥沃、湿润的土壤。

园林应用：只宜作为第二层林冠，上层必须有大乔木遮阴。（见图 4-8）

图 4-8　红毒茴（莽草）

◎ **紫叶李**

拉丁名：*Prunus cerasifera* Ehrhar f. *atropurpurea*（Jacq.）Rehd.

科属：蔷薇科李属

形态特征：落叶灌木或小乔木，高可达 8 m；分枝暗灰色，有时有棘刺，小枝暗红色；单叶，互生，椭圆形、卵形或倒卵形，极少有椭圆状披针形，长 3~6 cm，宽 2~6 cm，边缘有锯齿；花生于叶腋，直径 2~2.5 cm，花瓣白色，花期 4 月；核果近球形或椭圆形，黄色、红色或黑色，8 月成熟。

生态习性：喜温暖、湿润的气候；对土壤要求不严，喜肥沃、湿润的中性或酸性土壤，稍耐碱；根系较浅，生长旺盛，萌枝性强。

园林应用：常作庭园观赏树种；耐污染，适应性强，在道路绿化中使用广泛。（见图 4-9）

图 4-9　紫叶李

◎ 金枝国槐

拉丁名：*Sophora japonica* L. cv. *Golden Stem*

科属：豆科槐属

形态特征：落叶小乔木；秋季落叶之后枝条变成金黄色；一回奇数羽状复叶，互生，幼芽及嫩叶淡黄色，5月上旬转黄绿色，9月后又转黄色。

生态习性：同槐树。

园林应用：是优良的庭园绿化树种，可与其他常绿树种搭配，春、秋两季观黄绿色的叶子，冬季观金黄色的枝条。（见图4-10）

图4-10　金枝国槐

◎ 刺槐（洋槐）

拉丁名：*Robinia pseudoacacia* Linn.

科属：豆科刺槐属

形态特征：落叶乔木，高可达20 m；树皮灰褐色，浅裂；具托叶刺，刺长达2 cm；一回奇数羽状复叶，互生，小叶2~12对，椭圆形，先端圆且微凹，长2~5 cm，宽1.5~2.2 cm；总状花序腋生，长10~20 cm，花冠白色，芳香，花期4—6月；荚果扁平，长5~10 cm，果期8—9月。

生态习性：强喜光，不耐阴；喜干燥而凉爽的气候，不耐湿热；浅根性，在风口易风倒、风折。

园林应用：花芳香、洁白，花期长，树荫浓密，是铁路、公路沿线绿化常用的树种，也是优良的水土保持、土壤改良树种，适于荒山造林；宜作庭荫树、行道树。（见图4-11）

图4-11　刺槐（洋槐）

◎ **乌桕**

拉丁名：*Sapium sebiferum*（L.）Roxb.

科属：大戟科乌桕属

形态特征：落叶乔木，高可达 15 m；各部均无毛，具乳状汁液；单叶，互生，纸质，叶片菱形或菱状卵形，稀为菱状倒卵形，长 3~8 cm，宽 3~9 cm，全缘；花单性，雌雄同株，花期 4—8 月；蒴果梨状球形，成熟时黑色，具 3 颗种子，种子扁球形，黑色，外被白色、蜡质的假种皮。

生态习性：喜光，不耐阴；喜温暖的环境，不甚耐寒；适生于深厚、肥沃、含水丰富的土壤，对酸性、钙质、盐碱土壤均能适应，耐水湿；主根发达，抗风力强；寿命较长。

园林应用：可孤植、丛植于草坪、湖畔、池边，在园林绿化中可栽作护堤树、庭荫树及行道树。（见图 4-12）

图 4-12　乌桕

◎ **盐肤木**

拉丁名：*Rhus chinensis* Mill.

科属：漆树科盐肤木属

形态特征：落叶小乔木或灌木；一回奇数羽状复叶，互生，小叶 3~6 对，正面暗绿色，背面粉绿色，被白粉，叶两面有毛；圆锥花序宽大，雄花序长 30~40 cm，雌花序较短，花期 8—9 月；核果球形，10 月成熟，熟时红色。

生态习性：喜温暖、湿润的气候，也能耐一定的寒冷和干旱；对土壤要求不严，在酸性、中性或碱性土壤中都能生长，耐瘠薄，不耐水湿；根系发达，有很强的萌蘖性。

园林应用：是重要的造林及园林绿化树种，也是废弃地（如烧制石灰的煤渣堆放地）恢复的先锋树种。（见图 4-13）

图 4-13　盐肤木

◎ **火炬树**

拉丁名：*Rhus typhina* Nutt

科属：漆树科盐肤木属

形态特征：落叶小乔木，高可达 12 m；一回奇数羽状复叶，互生，小叶 19~23 枚，长椭圆形至披针形，缘有锯齿，两面有茸毛，老时脱落，叶轴无翅；圆锥花序顶生，密被绒毛，花淡绿色，花期 6—7 月；核果深红色，密集成火炬形，8—9 月成熟。

生态习性：喜光；耐寒；对土壤适应性强，耐干旱、瘠薄，耐水湿，耐盐碱；根系发达，萌蘖性强，浅根性；生长快，寿命短。

园林应用：果穗红艳似火炬，秋叶鲜红色，是优良的秋景树种；宜丛植于坡地、公园角落，以吸引鸟类，增加园林野趣；也是固堤、固沙、保持水土的良好树种。（见图 4-14）

图 4-14　火炬树

◎ **黄荆**

拉丁名：*Vitex negundo* L.

科属：马鞭草科牡荆属

形态特征：落叶灌木或小乔木；掌状复叶，互生，全缘或有少数粗锯齿；聚伞花序排成圆锥花序，顶生，长 10~27 cm，花冠淡紫色，外有微柔毛，花期 4—6 月；核果近球形，7—10 月成熟。

生态习性：喜光，能耐半阴；喜肥沃的土壤，亦耐干旱、瘠薄和寒冷；萌蘖性强，耐修剪。

园林应用：树形疏散，叶茂花繁，淡雅秀丽，最适宜植于山坡、湖边、路旁点缀风景。（见图 4-15）

图 4-15　黄荆

◎金叶美洲接骨木

拉丁名：*Sambucus canadensis* 'Aurea'

科属：忍冬科接骨木属

形态特征：落叶灌木，老枝皮孔和茎节都比较明显，叶对生，羽状复叶，有小叶 5~7 枚，新叶金黄色，后转为黄绿色，果实红色，花期 4—5 月，果熟期 9—10 月。

生态习性：喜光，耐阴，耐旱，不耐水湿，耐寒，适应能力强。

园林应用：可丛植于草坪、林地边缘，也配置于花境。（见图 4-16）

图 4-16　金叶美洲接骨木

◎彩叶杞柳

拉丁名：*Salix integra* 'Hakuro Nishiki'

科属：杨柳科杞柳属

形态特征：灌木，高 1~3 m，小枝淡黄色或淡红色；叶近对生或对生，萌枝叶有时 3 叶轮生，先端粉白色，基部黄绿色，密布白色斑点，后叶色变为黄绿色带粉白色斑点，椭圆状长圆形，长 2~5 cm，宽 1~2 cm，先端短渐尖，基部圆形或微凹。

生态习性：喜光，耐阴，耐旱，也耐水湿，耐寒，对土壤要求不严。

园林应用：可丛植于路旁、草坪、林地边缘，也可成片栽植或配置于花境。（见图 4-17）

图 4-17　彩叶杞柳

◎ 刚竹

拉丁名: *Phyllostachys sulphurea*（Carr.）A. et C. Riv. cv. *Viridis*

科属: 禾本科刚竹属

形态特征: 秆高 6~15 m，直径 4~10 cm，绿色或黄绿色；节间长 20~45 cm，在分枝一侧扁平或有凹槽，每节有 2 分枝；箨鞘背面呈乳黄色，无毛，箨舌黄绿色，拱形；末级小枝有 2~5 叶；笋期 5 月中旬。

生态习性: 喜光，耐寒性较强。

园林应用: 可配植于建筑前后、山坡、水池边、草坪一角，也可在居民新村、风景区种植；宜筑台种植，旁可以假山石衬托，或配植松、梅，形成"岁寒三友"之景。（见图 4-18）

图 4-18　刚竹

◎ 毛竹

拉丁名: *Phyllostachys heterocycla*（Carr.）Mitford cv. *Pubescens*

科属: 禾本科刚竹属

形态特征: 秆散生，高可达 20 m 以上，直径可达 20 cm 以上，幼秆密被细柔毛及厚白粉；基部节间甚短，向上则逐节较长，中部节间长达 40 cm 或更长；箨鞘背面呈黄褐色或紫褐色，箨耳微小，箨舌宽短，箨片较短，波状弯曲，绿色，初时直立，之后外翻；末级小枝有 2~4 叶，叶片较小、较薄，披针形，长 4~11 cm，宽 0.5~1.2 cm；笋期 4 月。

生态习性: 根系集中稠密，竹秆生长快，生长量大；喜温暖、湿润的气候；喜肥沃、湿润、排水和透气性良好的酸性砂质土壤。

园林应用: 自古以来常植于庭园、池畔、溪涧、山坡、天井，或在室内盆栽以供观赏。（见图 4-19）

图 4-19　毛竹

◎ 金镶玉竹

拉丁名：*Phyllostachys aureosulcata* f. *spectabilis*

科属：禾本科刚竹属

形态特征：散生型竹；节间长达 39 cm，分枝一侧的沟槽为绿色，其他部分为黄色；末级小枝有 2~3 叶，叶片长约 12 cm，宽约 1.4 cm，基部收缩成 3~4 mm 长的细柄；笋期 4 月中旬至 5 月上旬。

生态习性：出笋力强，繁殖快，适应性强，种植易成林。

园林应用：是南、北园林绿化的优质竹苗。（见图 4-20）

图 4-20　金镶玉竹

◎ 紫竹

拉丁名：*Phyllostachys nigra*（Lodd. ex Lindl.）Munro

科属：禾本科刚竹属

形态特征：秆高 4~8 m，幼时绿色，一年以后逐渐出现紫斑，最后全部变为紫黑色；末级小枝有 2~3 叶，叶片质薄，长 7~10 cm，宽约 1.2 cm；笋期 4 月下旬。

生态习性：阳性；喜温暖、湿润的气候，对气候适应性强，耐寒；喜砂质、排水良好的土壤。

园林应用：宜种植于庭园山石之间或书斋内、厅堂内、小径旁、池水旁，也可栽于盆中，置于窗前、几上，别有一番情趣；若植于庭园观赏，可与黄槽竹、金镶玉竹、斑竹等同植于园中，增添色彩变化；是优良的园林观赏竹种。（见图 4-21）

图 4-21　紫竹

◎ 慈竹

拉丁名：*Neosinocalamus affinis*（Rendle）Keng

科属：禾本科慈竹属

形态特征：丛生型，并且是特别紧密的一丛，秆高 5~10 m，梢端下垂呈钓丝状；箨鞘革质，背部有毛，鞘口宽广而下凹，无箨耳，箨舌呈流苏状；末级小枝具数叶乃至多叶，叶片窄披针形，长 10~30 cm，宽 1~3 cm；笋期 6—9 月或自 12 月至第二年 3 月。

生态习性：阳性，喜温暖、湿润的气候及肥沃、疏松的土壤。

园林应用：枝叶茂盛秀丽，适于在庭园内、池旁、石际、窗前、宅后栽植。（见图 4-22）

图 4-22　慈竹

◎ 孝顺竹

拉丁名：*Bambusa multiplex*（Lour.）Raeusch. ex Schult.

科属：禾本科簕竹属

形态特征：丛生型，秆高 4~7 m，尾梢近直或略弯，下部挺直，绿色；节间长 30~50 cm，幼时被白蜡粉；分枝自秆基部第二节或第三节开始，数枝乃至多枝簇生；秆箨早落，箨鞘呈梯形，箨耳极微小，箨片直立；末级小枝具 5~12 叶，叶片线型。

生态习性：喜光，能耐阴。

园林应用：可栽植在道路两旁或丛植于庭园观赏；竹秆丛生，四季青翠，姿态秀美，宜在宅院、草坪角隅、建筑物前或河岸种植；若配植于假山旁侧，则竹石相映，更富情趣。（见图 4-23）

图 4-23　孝顺竹

第五章

观花观果树
GUANHUAGUANGUOSHU

　　花或果具有较高观赏价值的树木称为观花树或观果树，统称为观花观果树。观花观果树种类繁多，经过多年的开发推广，很多花木、果树都已成为园林绿化建设的主要材料，也是近年来城市树种彩化和香化的重要素材。观花观果树园林应用形式较广，有些可作行道树、庭荫树、孤赏树，也有些可作花篱或地被。特别是某些观花树，栽培品种较多，很多地方建成各种专类园，如梅园、杜鹃园、牡丹园等。

◎ 杨梅

拉丁名：*Myrica rubra*（Lour.）S. et Zucc.

科属：杨梅科杨梅属

形态特征：常绿乔木，高可达 15 m 以上；树冠圆球形；单叶，互生，革质，集生于枝端，长椭圆状或楔状披针形，长 16 cm 以上，边缘有锯齿；雌雄异株，花期 4 月；核果球状，外表面具乳头状凸起，直径 1~1.5 cm，6—7 月成熟，熟时深红色或紫红色。

生态习性：中等喜光，不耐强烈的日照；喜温暖、湿润的气候，不耐寒，喜空气湿度大；喜排水良好的酸性沙壤土，弱碱性土壤亦可适应，喜土壤肥力中等，稍耐瘠薄；深根性，萌芽力强，有菌根；对二氧化硫和氯气抗性较强。

园林应用：宜丛植、孤植于草坪、路边、建筑的阴面、庭园一角，亦可用作隔离噪音、隐蔽遮挡的绿墙树种。（见图 5-1）

图 5-1　杨梅

◎ 茅栗

拉丁名：*Castanea seguinii* Dode

科属：壳斗科栗属

形态特征：灌木或小乔木；单叶，互生，叶倒卵状椭圆形或长圆形，长 6~14 cm，宽 4~5 cm；雄花序直立，生于枝条上部，雌花序单生或生于混合花序的花序轴下部，花期 5—7 月；坚果，9—11 月成熟。

生态习性：阳性，喜光；喜湿润的气候，耐寒；耐干旱、瘠薄，不耐水湿和盐碱。

园林应用：适应性强，若与枫香、苦槠、青冈等混植，可构成城市风景林；抗火、抗烟能力较强，是营造防风林、防火林、水源涵养林的乡土树种。（见图 5-2）

图 5-2　茅栗

◎ **无花果**

拉丁名：*Ficus carica* Linn.

科属：桑科榕属

形态特征：落叶灌木，多分枝；树皮灰褐色，皮孔明显；小枝直立，粗壮；单叶，互生，厚纸质，广卵圆形，长宽近似相等，10~20 cm，通常 3~5 裂；花期 5—7 月；榕果单生于叶腋，6—8 月成熟，熟时紫红色或黄色。

生态习性：喜光，耐阴；喜温暖的气候，不耐寒；对土壤适应性强，喜深厚、肥沃、湿润的土壤，耐干旱、瘠薄；耐修剪；抗污染，耐烟尘；根系发达，生长快。

园林应用：在公园隙地、居民区、单位、厂矿、街头绿地、宅前屋后都可种植，既可点缀景色、绿化环境，又有果供观赏、食用，是园林结合生产的理想树种。（见图 5-3）

图 5-3　无花果

◎ **紫玉兰（木兰、辛夷）**

拉丁名：*Magnolia liliflora* Desr.

科属：木兰科木兰属

形态特征：落叶灌木，高可达 3 m；小枝绿紫色或淡褐紫色，有环状托叶痕；单叶，互生，椭圆状倒卵形或倒卵形，长 8~18 cm，宽 3~10 cm；花被片 9~12 片，外轮 3 片萼片状，紫绿色，披针形，长 2~3.5 cm，常早落，内两轮肉质，外面紫色或紫红色，内面带白色，花瓣状，椭圆状倒卵形，长 8~10 cm，宽 3~4.5 cm，花期 3—4 月；蓇葖果近圆球形，8—9 月成熟。

生态习性：喜光，不耐阴；较耐寒；忌水湿；根系发达，萌蘖性强。

园林应用：树形婀娜，枝繁花茂，花朵艳丽，孤植或丛植均适宜，是优良的庭园、街道绿化植物；已有 2000 多年的历史，是中国特有的植物。（见图 5-4）

图 5-4　紫玉兰（木兰、辛夷）

◎ 二乔木兰

拉丁名：*Magnolia soulangeana* Soul.–Bod.

科属：木兰科木兰属

形态特征：落叶小乔木，高 6~10 m；枝条上有环状托叶痕；单叶，互生，纸质，倒卵形，长 6~15 cm，宽 4~7.5 cm；花先叶开放，单朵顶生，浅红色至深红色，花被片 6~9 片，外轮 3 片常较短，花期 2—3 月；聚合果长约 8 cm，9—10 月成熟，黑色。

生态习性：属于玉兰和紫玉兰的杂交种，与亲本相近，但更耐旱、耐寒。

园林应用：花大色艳，观赏价值很高，是城市绿化的极好花木；广泛孤植或群植于公园、绿地和庭园等以供观赏。（见图 5-5）

图 5-5　二乔木兰

◎ 玉兰（白玉兰）

拉丁名：*Magnolia denudata* Desr.

科属：木兰科木兰属

形态特征：落叶乔木，高可达 25 m；树冠宽阔；树皮深灰色，粗糙开裂；枝条上有环状托叶痕；单叶，互生，纸质，倒卵形、宽倒卵形或倒卵状椭圆形，长 10~15 cm，宽 6~12 cm，先端具短突尖；花蕾卵圆形，花先叶开放，直立，芳香，直径 10~16 cm，白色，花期 2—3 月；聚合果圆柱形，8—9 月成熟，熟时红色。

生态习性：喜温暖、向阳、湿润、排水良好的环境，要求土壤肥沃、不积水，有较强的耐寒能力。

园林应用：在中国有 2500 年左右的栽培历史，为名贵的观赏树种。（见图 5-6）

图 5-6　玉兰（白玉兰）

◎ **深山含笑**

拉丁名：*Michelia maudiae* Dunn

科属：木兰科含笑属

形态特征：常绿乔木，高可达 20 m；枝条上有环状托叶痕；单叶，互生，革质，长圆状椭圆形，稀为卵状椭圆形，长 7~18 cm，宽 3.5~8.5 cm，正面深绿色且有光泽，背面灰绿色，被白粉；花芳香，花被片 9 片，纯白色，直径约为 10 cm，花期 2—3 月；聚合果，9—10 月成熟。

生态习性：喜温暖、湿润的环境，有一定的耐寒能力；喜光；生长快，适应性强；对二氧化硫的抗性较强；喜土层深厚、疏松、肥沃、湿润的酸性砂质土壤。

园林应用：是优良的早春观花树种、园林绿化树种和四旁绿化（在宅旁、村旁、路旁、水旁有计划地种植各种树木称为四旁绿化）树种。（见图 5-7）

图 5-7　深山含笑

◎ **含笑花**

拉丁名：*Michelia figo*（Lour.）Spreng.

科属：木兰科含笑属

形态特征：常绿灌木，高 2~3 m；芽、嫩枝、叶柄、花梗均密被黄褐色茸毛；枝条上有环状托叶痕；单叶，互生，革质，全缘，狭椭圆形或倒卵状椭圆形，长 4~10 cm，宽 1.8~4.5 cm；花直立，直径 1.5~2 cm，淡黄色，且基部有紫色的晕，花香似香蕉香味，花期 3—5 月；聚合果长 2~3.5 cm，蓇葖卵圆形或球形，7—8 月成熟。

生态习性：喜温暖、湿润的环境，不甚耐寒；不耐干旱、贫瘠，喜排水良好、肥沃、深厚的弱酸性土壤。

园林应用：是著名的芳香花木，适于在小游园、花园、公园或街道上成丛种植，也可配植于草坪边缘或稀疏林丛之下，使游人在休息之时享受芳香的气味。（见图 5-8）

图 5-8　含笑花

◎蜡梅

拉丁名：*Chimonanthus praecox*（Linn.）Link

科属：蜡梅科蜡梅属

形态特征：落叶丛生灌木，高可达 4 m；幼枝四方形，老枝近圆柱形；单叶，对生，叶纸质或近革质，卵圆形、椭圆形、宽椭圆形或卵状椭圆形，长 5~25 cm，宽 2~8 cm，全缘；先花后叶，花鲜黄色，芳香，直径 2~4 cm，花期 11 月至第二年 2 月；聚合瘦果，坛状或倒卵状椭圆形，9—11 月成熟。

生态习性：喜光，稍耐阴；较耐寒；耐干旱，忌水湿，喜深厚、肥沃、排水良好的砂质壤土。

园林应用：是冬季主要观花树种之一；可配植于室前、墙隅；我国喜用南天竹与蜡梅相搭配，可谓色、香、形三者相得益彰。（见图 5-9）

图 5-9　蜡梅

◎牡丹

拉丁名：*Paeonia suffruticosa* Andr.

科属：毛茛科芍药属

形态特征：落叶灌木；分枝短而粗；叶通常为二回三出复叶，偶尔近枝顶的叶为 3 小叶；花单生于枝顶，直径 10~17 cm，玫瑰色、红紫色、粉红色或白色，通常变异很大，花期 5 月；蓇葖果长圆形，密生黄褐色硬毛，6 月成熟。

生态习性：喜凉爽的气候；喜阳光，但夏季忌暴晒；喜排水良好的砂质壤土，耐旱，怕积水，喜肥沃。

园林应用：是我国十大传统名花之一，被称为花王；可孤植、丛植、片植于庭园中；因其品种繁多，夏季可在大型公园或风景名胜区建立专类园。（见图 5-10）

图 5-10　牡丹

◎ 山茶

拉丁名：*Camellia japonica* L.

科属：山茶科山茶属

形态特征：常绿灌木或小乔木；全株无毛；单叶，互生，革质，椭圆形，长 5~10 cm，宽 2.5~5 cm，边缘有细锯齿；花顶生，红色，无柄，花期 1—4 月；蒴果圆球形，直径 2.5~3 cm。

生态习性：喜半阴，适宜在疏林下生长；喜温暖、湿润的气候，严寒、炎热、干燥的气候都不适宜其生长。

园林应用：是我国十大传统名花之一，被称为花中珍品；树姿优美，四季常青，花大色艳，花期长，是冬末春初装饰园林的优良花木。（见图 5-11）

图 5-11　山茶

◎ 金丝桃

拉丁名：*Hypericum monogynum* L.

科属：藤黄科金丝桃属

形态特征：常绿灌木；茎淡红色至橙色；幼枝具 2~4 棱；单叶，对生，纸质，全缘，叶片披针形、长圆状披针形、卵形或长圆状卵形，长 1.5~6 cm，宽 0.5~3 cm；花直径 2.5~4 cm，金黄色，花丝和花瓣近似等长，花期 5—6 月；蒴果宽卵珠形，8—10 月成熟。

生态习性：喜光；耐炎热，耐寒；萌芽力强；耐潮湿，忌涝，喜沙壤土，其他土质也适宜生长。

园林应用：是南方庭园中常见的观赏花木，常植于庭园假山旁及路旁，或用于点缀草坪；若种植于假山旁边，则柔条袅娜，桠枝旁出，花开烂漫，别具情趣；金丝桃也常丛植于花径两侧，开花时一片金黄，鲜明夺目，艳丽异常。（见图 5-12）

图 5-12　金丝桃

◎ **金丝梅**

拉丁名：*Hypericum patulum*（Thunb.）ex Murray

科属：藤黄科金丝桃属

形态特征：常绿灌木；茎淡红色或橙色，茎具 2 纵线棱；单叶，对生，纸质，全缘，叶为长圆状披针形或卵形，长 1.5~6 cm，宽 0.5~3 cm；花直径 2.5~4 cm，花瓣金黄色，花丝短于花瓣，花期 5—6 月；蒴果宽卵珠形，8—10 月成熟。

生态习性：温带、亚热带树种，稍耐寒；喜光，略耐阴；忌积水，喜排水良好、湿润、肥沃的沙壤土；根系发达，萌芽力强，耐修剪。

园林应用：绿叶黄花，十分美丽，适于庭园绿化和盆栽观赏；可丛植、群植于草地、花坛边缘、墙隅一角及道路转角处。（见图 5-13）

图 5-13　金丝梅

◎ **绣球（八仙花）**

拉丁名：*Hydrangea macrophylla*（Thunb.）Ser.

科属：虎耳草科绣球属

形态特征：落叶灌木；枝粗壮，具皮孔；单叶，对生，纸质或近革质，倒卵形或阔椭圆形，长 6~15 cm，宽 4~11.5 cm，边缘具齿；伞房状聚伞花序近球形，直径 8~20 cm，花密集，多数不育，粉红色、淡蓝色或白色，花期 6—8 月。

生态习性：喜光，略耐阴；颇耐寒；常生于山地林间的弱酸性土壤，也能适应平原中向阳而排水较好的中性土壤；萌芽力、萌蘖性均强。

园林应用：宜孤植于草坪及空旷地，使其四面展开，体现其个体美；也可栽于园路两侧，使其拱形枝条形成花廊，人们漫步于其花下，顿觉心旷神怡；配植于庭中、堂前、墙下、窗前，也极相宜。（见图 5-14）

图 5-14　绣球（八仙花）

◎珍珠梅

拉丁名：*Sorbaria sorbifolia*（L.）A. Br.

科属：蔷薇科珍珠梅属

形态特征：落叶灌木，高可达 2 m；枝条开展；一回奇数羽状复叶，互生，小叶片 11~17 枚，边缘有尖锐重锯齿；圆锥花序顶生，长 10~20 cm，白色，花期 7—8 月；蓇葖果长圆形，9 月成熟。

生态习性：喜阳光，具有很强的耐阴性；耐湿，耐旱，对土壤要求不严，在一般土壤中即能正常生长，在湿润、肥沃的土壤中长势更好；生长较快，萌蘖性强，耐修剪。

园林应用：对多种有害细菌具有杀灭或抑制的作用，适宜在各类园林绿地中孤植、列植、丛植；因为具有耐阴的特性，因而是适合在高楼大厦及各类建筑物阴面种植的花灌木树种。（见图 5-15）

图 5-15　珍珠梅

◎麻叶绣线菊

拉丁名：*Spiraea cantoniensis* Lour.

科属：蔷薇科绣线菊属

形态特征：灌木；小枝细瘦，呈拱形弯曲；单叶，互生，叶片菱状披针形或菱状长圆形，长 3~5 cm，宽 1.5~2 cm；伞形花序，白色，花期 4—5 月；蓇葖果，7—9 月成熟。

生态习性：喜光，耐阴；喜温暖、湿润的气候，耐寒；对土壤适应性强，耐瘠薄；萌芽力强，耐修剪。

园林应用：可成片配植于草坪、路边、斜坡、池畔，也可单株或数株种植点缀花坛。（见图 5-16）

图 5-16　麻叶绣线菊

◎ **粉花绣线菊**

拉丁名：*Spiraea japonica* L. f.

科属：蔷薇科绣线菊属

形态特征：落叶直立灌木，高可达 1.5 m；单叶，互生，叶片卵形或卵状椭圆形，长 2~8 cm，宽 1~3 cm，边缘有锯齿；复伞房花序生于新枝顶端，花朵密集，粉红色，花期 6—7 月；蓇葖果，8—9 月成熟。

生态习性：喜光，耐阴；喜湿润的环境，耐寒；对土壤要求不严，耐旱，耐瘠薄；分蘖能力强。

园林应用：可成片配植于草坪、花坛，或丛植于庭园一角，亦可作绿篱。（见图 5-17）

图 5-17　粉花绣线菊

◎ **重瓣棣棠花**

拉丁名：*Kerria japonica*（L.）DC. f. *pleniflora*（Witte）Rehd.

科属：蔷薇科棣棠花属

形态特征：落叶灌木，高 1~2 m；小枝绿色，略呈"之"字形，常拱垂；叶互生，三角状卵形或卵圆形，顶端渐尖，基部圆形、截形或微心形，边缘有尖锐重锯齿；花黄色，单朵着生于当年生侧枝顶端，直径 2.5~6 cm，花期 4—6 月；瘦果，6—8 月成熟。

生态习性：喜阳，稍耐阴；喜温暖、湿润的环境，有一定的耐寒性；对土壤要求不严；根蘖性强。

园林应用：宜作花篱、花径；可群植于常绿树丛之前、古木之旁、山石缝隙之中，或在池畔、水边、溪流及湖沼沿岸成片栽种；盆栽观赏也可。（见图 5-18）

图 5-18　重瓣棣棠花

◎枇杷

拉丁名：*Eriobotrya japonica*（Thunb.）Lindl.

科属：蔷薇科枇杷属

形态特征：常绿小乔木，高可达 10 m；小枝粗壮，密生锈色或灰棕色茸毛；单叶，互生，革质，披针形、倒披针形、倒卵形或椭圆长圆形，长 12~30 cm，宽 3~9 cm，正面光亮，多皱，背面密生灰棕色茸毛；圆锥花序顶生，长 10~19 cm，花瓣白色，花期 11—12 月；果实球形或长圆形，直径 2~5 cm，第二年 5—6 月成熟，熟时黄色或橘黄色。

生态习性：喜光照充足，稍耐侧阴；喜温暖、湿润的气候，不耐严寒；抗二氧化硫及烟尘；深根性，生长慢，寿命长。

园林应用：树形整齐，叶大荫浓，冬日白花盛开，初夏果实金黄，多在庭园中栽植。（见图 5-19）

图 5-19　枇杷

◎皱皮木瓜（贴梗海棠）

拉丁名：*Chaenomeles speciosa*（Sweet）Nakai

科属：蔷薇科木瓜属

形态特征：落叶灌木，高可达 2 m；枝有刺，小枝圆柱形，有疏生浅褐色皮孔；单叶，互生，卵形或椭圆形，长 3~9 cm，宽 1.5~5 cm，边缘有尖锐重锯齿；花先叶开放，3~5 朵簇生于两年生老枝上，花梗短粗，花猩红色，稀为淡红色或白色，花期 3—5 月；果黄色或带黄绿色，9—10 月成熟。

生态习性：适生于深厚、肥沃、排水良好的酸性、中性土壤，耐旱，忌湿；耐修剪，根蘖性强。

园林应用：花色艳丽，是重要的观花灌木，适于在庭园、墙隅、路边、池畔种植，也可盆栽观赏。（见图5-20）

图 5-20　皱皮木瓜（贴梗海棠）

续图 5-20

◎ **垂丝海棠**

拉丁名：*Malus halliana* Koehne

科属：蔷薇科苹果属

形态特征：落叶灌木；树冠开展；单叶，互生，卵形、椭圆形或长椭圆形，长 3.5~8 cm，宽 2.5~4.5 cm，边缘有锯齿；伞房花序，具花 4~6 朵，花直径 3~3.5 cm，花梗细弱，长 2~4 cm，下垂，花期 3—4 月；果梨形或倒卵形，直径 6~8 mm，9—10 月成熟。

生态习性：喜光，宜栽植于背风向阳之处；喜温暖的气候，不甚耐寒；较耐旱，对土壤的适应性较强。

园林应用：花繁色艳，花朵下垂，是著名的庭园观赏花木，宜丛植于院前、亭边、墙旁、河畔等处；在江南庭园中尤为常见，在北方常盆栽观赏。（见图 5-21）

图 5-21　垂丝海棠

◎ **西府海棠**

拉丁名：*Malus micromalus* Makino

科属：蔷薇科苹果属

形态特征：落叶小乔木，树枝直立性强；单叶，互生，长椭圆形或椭圆形，长 5~10 cm，宽 2.5~5 cm，边缘有尖锐锯齿；伞形总状花序，有花 4~7 朵，集生于小枝顶端，花梗长 2~3 cm，花粉红色，花期 4—5 月；果实近球形，直径 1~1.5 cm，8—9 月成熟，熟时红色。

生态习性：喜光，不耐阴；对严寒有较强的适应性；耐干旱，喜土层深厚、肥沃的弱酸性或中性土壤。

园林应用：多植于庭园，也适于盆栽观赏。（见图 5-22）

图 5-22　西府海棠

◎杜梨

拉丁名：*Pyrus betulifolia* Bunge

科属：蔷薇科梨属

形态特征：落叶乔木，树冠开展；小枝嫩时密被灰白色茸毛，叶片菱状卵形至长圆卵形，长 4 ~ 8 cm，宽 2.5 ~ 3.5 cm，花白色，花期 4 月，果期 8—9 月。

生态习性：喜光；耐寒且耐旱，适应能力强。

园林应用：春季满树繁花，花色洁白，清新素雅，可孤植、丛植，是优秀的庭园观花树种。（见图 5-23）

图 5-23　杜梨

◎月季花

拉丁名：*Rosa chinensis* Jacq.

科属：蔷薇科蔷薇属

形态特征：直立灌木，高 1~2 m；茎有皮刺；一回奇数羽状复叶，小叶连叶柄长 5~11 cm，托叶大部贴生于叶柄，边缘常有腺毛；花数朵集生，稀单生，直径 4~5 cm，花瓣重瓣至半重瓣，红色、粉红色或白色，花期 4~9 月；果卵球形或梨形，6—11 月成熟，熟时红色。

生态习性：喜日照充足、空气流通、排水良好且避风的环境，盛夏时需要适当遮阴；较耐寒；适生于富含有机质、肥沃、疏松的弱酸性土壤，对土壤的适应性较强。

园林应用：是中国十大传统名花之一，被称为花中皇后，花期长，可种于花坛、花境、草坪角隅等处，也可布置成月季园；藤本月季可用于花架、花墙、花篱、花门等。（见图 5-24）

图 5-24　月季花

◎ **玫瑰**

拉丁名：*Rosa rugosa* Thunb.

科属：蔷薇科蔷薇属

形态特征：直立落叶灌木；一回奇数羽状复叶，互生，小叶连叶柄长 5~13 cm，小叶椭圆形或椭圆状倒卵形，边缘有尖锐锯齿，叶脉下陷，有褶皱；花单生于叶腋，或数朵簇生，花直径 4~5.5 cm，重瓣至半重瓣，芳香，紫红色或白色，花期 5—6 月；果扁球形，8—9 月成熟。

生态习性：喜光照充足，在阴处生长不良、开花少；耐寒，耐旱，喜凉爽、通风的环境；喜肥沃、排水良好的沙壤土，忌黏土，忌地下水位过高或低洼地；萌蘖性强，生长迅速。

园林应用：可植于花篱、花境、花坛，也可丛植于草坪，或用来点缀坡地或布置专类园，是著名的观花闻香花木。（见图 5-25）

图 5-25　玫瑰

续图 5-25

◎ **梅（梅花）**

拉丁名：*Armeniaca mume* Sieb.

科属：蔷薇科杏属

形态特征：小乔木，高可达 15 m；小枝绿色，光滑无毛；单叶，互生，卵形或椭圆形，长 4~8 cm，宽 2.5~5 cm；花先叶开放，单生，有时 2 朵同生于 1 芽内，直径 2~2.5 cm，香味浓，白色或粉红色，花期早春；核果近球形，直径 2~3 cm，5—6 月成熟。

生态习性：喜温暖的气候，花期对气候变化特别敏感；喜空气湿度较大，但花期忌暴雨；对土壤要求不严，较耐瘠薄；阳性，喜阳光充足、通风良好的环境；为长寿树种。

园林应用：是中国十大传统名花之一，有花魁之称；在园林、绿地、庭园、风景区可孤植、丛植、群植等；也可在屋前、坡上、路边自然配植；若用常绿乔木或深色建筑作背景，更可衬托出梅花玉洁冰清之美。（见图 5-26）

图 5-26　梅（梅花）

续图 5-26

◎桃

拉丁名：*Amygdalus persica* L.

科属：蔷薇科桃属

形态特征：落叶乔木，高 3~8 m；树冠宽广而平展；老树树干上分泌黑褐色桃胶；单叶，互生，长圆状披针形、椭圆状披针形或倒卵状披针形，长 7~15 cm，宽 2~3.5 cm，具锯齿；花单生，直径 2.5~3.5 cm，花梗极短或几乎无梗，花粉红色，罕为白色，花期 3—4 月；核果，6—9 月成熟。

生态习性：喜光，耐旱，不耐水湿；分枝力强，生长快。

园林应用：在我国有悠久的栽培历史，花繁茂，花色艳丽，可种植于庭园、山坡，也可栽植成专类园，是园林主要观花树种之一。（见图 5-27）

图 5-27　桃

紫叶桃：叶紫红色，花重瓣。（见图 5-28）

图 5-28　紫叶桃

◎ **东京樱花（日本樱花）**

拉丁名：*Cerasus yedoensis*（Matsum.）Yu et Li

科属：蔷薇科樱属

形态特征：落叶乔木，高可达 16 m；树皮灰色；单叶，互生，椭圆卵形或倒卵形，长 5~12 cm，宽 2.5~7 cm，边缘有尖锐重锯齿，叶柄长 1.3~1.5 cm，密被柔毛，顶端通常有 1~2 个腺体；花先叶开放，伞形总状花序，花瓣白色或粉红色，花直径 3~3.5 cm，花梗和萼筒均被柔毛，花期 4 月；核果近球形，5 月成熟，熟时黑色。

生态习性：阳性，喜温暖、湿润的气候，对土壤要求不严，根系浅，对烟及风抗力弱。

园林应用：盛花期满树灿烂，极具观赏价值，宜种植于山坡、庭园、建筑物前及园路旁。（见图 5-29）

图 5-29　东京樱花　（日本樱花）

◎ **山樱花（樱花）**

拉丁名：*Cerasus serrulata*（Lindl.）G. Don ex London

科属：蔷薇科樱属

形态特征：落叶乔木；树皮灰褐色或灰黑色；单叶，互生，卵状椭圆形或倒卵状椭圆形，长 5~9 cm，宽 2.5~5 cm，边缘有渐尖单锯齿及重锯齿，叶柄长 1~1.5 cm，先端有 1~3 个圆形腺体；花瓣白色，稀为粉红色，花期 4—5 月；核果球形或卵球形，紫黑色，6—7 月成熟。

生态习性：阳性；喜温暖的气候，较耐寒。

园林应用：是园林观花树种，适宜丛植、群植、列植等。（见图 5-30）

图 5-30　山樱花（樱花）

　　日本晚樱与原种的区别在于：叶边缘有渐尖重锯齿，齿端有长芒，花重瓣，粉色，常有香气，花期 3—5 月。（见图 5-31）

图 5-31　日本晚樱

◎ 双荚决明

拉丁名：*Cassia bicapsularis* Linn.

科属：豆科决明属

形态特征：常绿直立灌木；复叶长 7~12 cm，有小叶 3~4 对，小叶倒卵形或倒卵状长圆形，膜质；花鲜黄色，直径约 2 cm，花期 10—11 月；荚果圆柱状，每组 2 个，悬挂于枝顶，11 月至第二年 3 月成熟。

生态习性：喜光，稍耐阴；宜在疏松、排水良好的土壤中生长，在肥沃的土壤中开花旺盛；耐修剪。

园林应用：花、叶具有较高的观赏价值，可丛植、片植于庭园、林缘、路旁、湖缘；其鲜黄色的花给人以愉悦、亮丽、壮观之美，可以营造出清凉的氛围。（见图 5-32）

图 5-32　双荚决明

◎**伞房决明**

拉丁名：*Cassia corymbosa*

科属：豆科决明属

形态特征：常绿灌木，高 2~3 m；羽状复叶，小叶长椭圆状披针形，叶色浓绿；圆锥花序伞房状，鲜黄色，花期 7—10 月；荚果圆柱形，长 5~8 cm。

生态习性：喜光；对土壤要求不严；较耐寒；生长快，耐修剪。

园林应用：花色艳丽，可用于装饰林缘，或用作低矮花坛、花境的背景材料；孤植、丛植、群植均可；可用于道路两侧的绿化。（见图 5-33）

图 5-33　伞房决明

◎**紫荆**

拉丁名：*Cercis chinensis* Bunge

科属：豆科紫荆属

形态特征：落叶丛生灌木；树皮和小枝灰白色；单叶，互生，纸质，心形，长 5~10 cm，宽与长相近或略短于长；先花后叶，花紫红色或粉红色，簇生于老枝和主干上，花期 3—4 月；荚果扁狭长形，8—10 月成熟。

生态习性：较耐寒，喜肥沃、排水良好的土壤。

园林应用：适宜在公园、庭园、草坪等处配植，可以与不同花色的植物搭配种植。（见图 5-34）

图 5-34　紫荆

续图 5-34

◎ 油桐

拉丁名：*Vernicia fordii*（Hemsl.）Airy Shaw

科属：大戟科油桐属

形态特征：落叶乔木，高可达 10 m；树皮灰色，近光滑；枝条粗壮，有明显的皮孔；单叶，互生，卵圆形，长 8~18 cm，宽 6~15 cm，全缘；花雌雄同株，先叶或与叶同时开放，花瓣白色，有淡红色脉纹，花期 3—4 月；核果近球状，果皮光滑，8—9 月成熟。

生态习性：喜光，亦耐阴；稍耐寒；喜肥沃、排水良好的土壤，不耐干旱、瘠薄、水湿；不耐移植；对二氧化硫污染较为敏感；根系浅，生长快，寿命短。

园林应用：树冠宽广，叶大荫浓，花大而秀丽，宜作庭荫树、行道树；也可孤植、丛植于坡地、草坪。（见图 5-35）

图 5-35　油桐

◎算盘子

拉丁名：*Glochidion puberum* (L.) Hutch

科属：大戟科算盘子属

形态特征：直立灌木，高 1~5 m，多分枝；小枝、叶片下面、萼片外面、子房和果实均密被短柔毛。叶片纸质或近革质，长圆形、长卵形或倒卵状长圆形，稀披针形，长 3~8 cm，宽 1~2.5 cm，网脉明显；蒴果扁球状，直径 8~15 mm，成熟时带红色；花期 4—8 月，果期 7—11 月。

生态习性：喜光，耐阴；耐贫瘠土壤，适应能力强，为酸性土壤的指示植物。

园林应用：果形奇特，形似算盘珠，是优秀的观果树种，可丛植于道路旁、山坡或是林地边缘。（见图 5-36）

图 5-36　算盘子

◎金柑

拉丁名：*Fortunella japonica*（Thunb.）Swingle

科属：芸香科金橘属

形态特征：常绿灌木，高 2~5 m；枝有刺；小叶卵状椭圆形或长圆状披针形，长 4~8 cm，宽 1.5~3.5 cm；花单朵或 2~3 朵簇生，白色，芳香，花期 4—5 月；果圆球形，直径 1.5~2.5 cm，11 月至第二年 2 月成熟，熟时果皮橙黄色或橙红色。

生态习性：喜湿润、凉爽的气候，较耐寒，耐旱；稍耐阴；适生于深厚、肥沃的弱酸性土壤。

园林应用：四季常青，枝叶繁茂，树形优美，开花时花色玉白，香气远溢，果实成熟时或黄或红，点缀于绿叶之中，观赏价值极高。（见图 5-37）

图 5-37　金柑

◎ **柑橘**

拉丁名：*Citrus reticulata* Blanco

科属：芸香科柑橘属

形态特征：常绿小乔木；枝开展，刺较少；单身复叶，互生，叶片披针形、椭圆形或阔卵形；花单生或 2~3 朵簇生，白色，芳香，花期 4—5 月；果为柑果，通常呈近圆球形，淡黄色、朱红色或深红色，10—12 月成熟。

生态习性：喜光，稍耐侧阴；喜通风良好、温暖的环境，不耐寒；耐修剪。

园林应用：四季常青，春季白花芳香，秋季果实累累，是著名的观果树；可丛植于草坪、林缘，也可在庭园、门旁、屋边、窗前种植。（见图 5-38）

图 5-38　柑橘

◎ 甜橙

拉丁名：*Citrus sinensis*（L.）Osbeck

科属：芸香科柑橘属

形态特征：乔木；枝少刺或近于无刺；单身复叶，互生，叶片卵形或卵状椭圆形，长 6~10 cm，宽 3~5 cm；花白色，花期 3—5 月；果圆球形、扁圆形或椭圆形，熟时橙黄色或橙红色，果皮难剥离，10—12 月成熟。

生态习性：喜温暖的气候，不耐寒；较耐阴；对土壤的适应性较强。

园林应用：四季常青，春季白花芳香，秋季果实累累，是著名的观果树；可丛植于草坪、林缘，也可在庭园、屋边等处种植。（见图 5-39）

图 5-39　甜橙

◎ 柚

拉丁名：*Citrus maxima*（Burm.）Merr.

科属：芸香科柑橘属

形态特征：常绿乔木；嫩枝扁且有棱；单身复叶，具油细胞，互生，阔卵形或椭圆形；总状花序，花蕾淡紫红色，稀为乳白色，花期 4—5 月；果圆球形、扁圆形、梨形或阔圆锥形，直径通常 10 cm 以上，9—12 月成熟，熟时淡黄色。

生态习性：喜温暖、湿润的气候；适生于肥沃、疏松、排水良好的砾质土壤，不耐旱，不耐瘠薄，但比较耐湿。

园林应用：是江南园林、庭园中常见的地栽观果树种；可植于亭、院落之隅，或植于草坪边缘、湖边、池旁。（见图 5-40）

图 5-40　柚

◎ 枣

拉丁名：*Ziziphus jujuba* Mill.

科属：鼠李科枣属

形态特征：落叶小乔木，高可达 10 m；树皮褐色或灰褐色；有长枝，短枝和无芽小枝呈"之"字形弯曲，具 2 个托叶刺；单叶，互生，纸质，卵形、卵状椭圆形或卵状矩圆形，长 3~7 cm，宽 1.5~4 cm；花黄绿色，单生或 2~8 朵密集成腋生聚伞花序，花期 5—7 月；核果矩圆形或长卵圆形，8—9 月成熟，熟时红色，然后变成红紫色。

生态习性：喜光；耐寒，耐热；在空气湿度大的地区病虫害较多；对土壤适应性强，耐干旱。

园林应用：宜在庭园、路旁散植或成片栽植，其老根、古干可作树桩盆景。（见图 5-41）

图 5-41　枣

◎ 木槿

拉丁名：*Hibiscus syriacus* Linn.

科属：锦葵科木槿属

形态特征：落叶灌木，高 3~4 m；单叶，互生，菱形或三角状卵形，长 3~10 cm，宽 2~4 cm；花单生于枝端叶腋间，花钟形，白色、红色或淡紫色，单瓣或重瓣，花期 7—10 月。

生态习性：喜光，略耐阴；耐寒；耐修剪；耐烟尘，抗污染。

园林应用：夏秋开花，花期长，花色变化多，是夏秋主要的花灌木。（见图 5-42）

图 5-42　木槿

◎ **海滨木槿**（海槿）

拉丁名：*Hibiscus hamabo* Sieb. et Zucc.

科属：锦葵科木槿属

形态特征：落叶灌木，高2~4 m；分枝多；树皮灰白色；单叶，互生，近圆形，厚纸质，两面密被灰白色茸毛；花单生，直径5~6 cm，花期7—10月；蒴果，10—11月成熟。

生态习性：阳性，稍耐阴；耐寒性强；喜肥沃、湿润的土壤，耐干旱、瘠薄，也耐水湿；萌芽力强，耐修剪。

园林应用：花色金黄，鲜艳美丽，是优良的庭园绿化苗木，也是良好的防风固沙、固堤防潮苗木，可作海岸防护林树种。（见图5-43）

图5-43 海滨木槿（海槿）

◎ 木芙蓉

拉丁名：*Hibiscus mutabilis* Linn.

科属：锦葵科木槿属

形态特征：落叶灌木或小乔木，高 2~5 m；小枝、叶柄、花梗和花萼均密被茸毛；单叶，互生，叶宽卵形、圆卵形或心形，直径 10~15 cm，常 5~7 裂；花单生于枝端叶腋间，花初开时白色或淡红色，然后变成深红色，直径约 8 cm，花期 9—10 月。

生态习性：喜光，略耐阴；耐寒性差；耐瘠薄；生长快，萌蘖性强，耐修剪；耐烟尘及有害气体。

园林应用：花期长，品种多，其花色随品种的不同有丰富的变化，是一种很好的观花树种；由于花大而美丽，中国自古以来多在庭园中栽植，也可孤植、丛植于墙边、路旁、厅前等处；特别适宜配植于水滨，开花时波光花影，分外妖娆。（见图 5-44）

图 5-44　木芙蓉

◎ 结香

拉丁名：*Edgeworthia chrysantha* Lindl.

科属：瑞香科结香属

形态特征：落叶灌木，高 0.7~1.5 m；小枝粗壮，褐色，枝条柔软，可以弯曲打结而不断；单叶，聚生于枝端，长圆形、披针形或倒披针形，长 8~20 cm，宽 2.5~5.5 cm，两面均被茸毛；头状花序顶生或侧生，花芳香，无梗，花期 11 月至第二年 3 月；果椭圆形，绿色，第二年 5—7 月成熟。

生态习性：喜半阴，也耐日晒；喜温暖的气候，耐寒力较差；喜排水良好的肥沃壤土，忌积水。

园林应用：适宜孤植、列植、丛植于庭前、道旁、墙隅，或点缀于假山石之间，也可盆栽，进行曲枝造型。（见图 5-45）

图 5-45　结香

◎ **紫薇（痒痒树）**

拉丁名：*Lagerstroemia indica* L.

科属：千屈菜科紫薇属

形态特征：落叶灌木或小乔木，高可达 7 m；树皮平滑；枝干多扭曲，小枝纤细，具 4 棱；单叶，近对生，纸质，椭圆形、阔矩圆形或倒卵形，长 2.5~7 cm，宽 1.5~4 cm；花淡红色、紫色或白色，组成 7~20 cm 的顶生圆锥花序，花期 6—9 月；蒴果，9—12 月成熟。

生态习性：喜阳光和肥沃的石灰质土壤，耐旱，怕涝。

园林应用：树姿优美，枝干扭曲，花期长，为园林中夏秋季重要的观花树种。（见图 5-46）

图 5-46　紫薇（痒痒树）

◎ 石榴

拉丁名：*Punica granatum* L.

科属：石榴科石榴属

形态特征：落叶灌木或乔木；枝顶常有尖锐的长刺，幼枝具棱；叶纸质，在长枝上对生，在短枝上簇生，矩圆状披针形，长 2~9 cm；花大，1~5 朵集生于枝顶，花瓣通常大，红色、黄色或白色，花期 5—7 月；浆果近球形，直径 5~12 cm，通常为淡黄褐色或淡黄绿色。

生态习性：喜光，有一定的耐寒能力，喜湿润、肥沃的石灰质土壤。

园林应用：可孤植或丛植于庭园、游园之角，也可对植于门庭之出口处，还可列植于小道旁、溪旁、坡地、建筑物旁，也宜做成各种桩景。（见图 5-47）

图 5-47　石榴

◎ 杜鹃（映山红）

拉丁名：*Rhododendron simsii* Planch.

科属：杜鹃花科杜鹃属

形态特征：落叶灌木；单叶，互生，革质，常集生于枝端，卵形、椭圆状卵形、倒卵形或倒披针形，被毛，长 1.5~5 cm，宽 0.5~3 cm，边缘具细齿；花粉色、玫红色、白色等，花期 4—5 月；蒴果卵球形，6—8 月成熟。

生态习性：稍耐寒，喜凉爽、湿润、通风良好的环境。

园林应用：是中国十大名花之一，被称为花中西施，品种繁多，是花篱的良好材料；宜在林缘、溪边、池畔及岩石旁成丛成片栽植，也可于疏林下散植。（见图 5-48）

图 5-48　杜鹃（映山红）

续图 5-48

◎ 柿

拉丁名：*Diospyros kaki* Thunb.

科属：柿科柿属

形态特征：落叶大乔木，高可达 14 m；树冠球形或长圆球形；单叶，互生，纸质，卵状椭圆形、倒卵形或近圆形，通常较大，长 5~18 cm，宽 2.8~9 cm；花雌雄异株，腋生，花萼绿色，花深 4 裂，花期 5—6 月；果嫩时绿色，然后变成橙黄色，9—10 月成熟。

生态习性：喜温暖、湿润的气候，耐干旱。

园林应用：既适合于在城市园林中种植，又适合于在山区自然风景区中配植。（见图 5-49）

图 5-49　柿

◎ 木樨（桂花）

拉丁名：*Osmanthus fragrans*（Thunb.）Lour.

科属：木樨科木樨属

形态特征：常绿乔木或灌木，高可达 18 m；树皮灰褐色，枝条上皮孔明显，芽叠生；单叶，对生，革质，椭圆形、长椭圆形或椭圆状披针形，长 7~14.5 cm，宽 2.6~4.5 cm；聚伞花序簇生于叶腋，花先端 4 裂，甜香，花冠黄白色、淡黄色、黄色或橘红色，花期 9 月至 10 月上旬；果第二年 3 月成熟，熟时紫黑色。

生态习性：喜光；喜温暖、通风良好的环境，不耐寒；适生于土层深厚、排水良好、富含腐殖质的偏酸性沙壤土，忌碱性土壤和积水。

园林应用：是我国十大传统名花之一，有花中月老之称，终年常绿，园林中常孤植、对植，也可成丛成片栽植。（见图 5-50）

图 5-50　木樨 （桂花）

◎ **木樨榄（油橄榄）**

拉丁名：*Olea europaea* L.

科属：木樨科木樨榄属

形态特征：常绿小乔木，高可达 10 m；单叶，对生，革质，披针形，有时为长圆状椭圆形或卵形，长 1.5~6 cm，宽 0.5~1.5 cm，全缘，被白粉；圆锥花序腋生或顶生，长 2~4 cm，花芳香，白色，花期 4—5 月；果椭圆形，6—9 月成熟。

生态习性：喜光；喜温暖的气候，稍耐寒；对土壤的适应能力强。

园林应用：是良好的观叶观花树种。（见图 5-51）

图 5-51　木樨榄 （油橄榄）

◎ 紫丁香

拉丁名：*Syringa oblata* Lindl.

科属：木樨科丁香属

形态特征：落叶灌木或小乔木；树皮灰褐色或灰色；单叶，对生，厚纸质，卵圆形或肾形；圆锥花序直立，花冠紫色，花期4—5月；果6—10月成熟。

生态习性：喜阳光充足；喜温暖、湿润的气候，较耐寒，耐空气干燥；适生于疏松、肥沃、排水良好的弱酸性或弱碱性土壤，忌积水。

园林应用：是中国特有的名贵花木，已有1000多年的栽培历史；广泛栽植于庭园、厂矿区、居民区等地，常丛植于建筑前、凉亭周围，也可散植于园路两旁、草坪之中；可与其他种类的丁香配植成专类园。（见图5-52）

图 5-52　紫丁香

◎ 金钟花

拉丁名：*Forsythia viridissima* Lindl.

科属：木樨科连翘属

形态特征：落叶灌木，高可达3 m；小枝绿色或黄绿色，呈四棱形，皮孔明显；叶片长椭圆形、披针形或倒卵状长椭圆形，长3.5~15 cm，宽1~4 cm，通常上半部具不规则尖锐锯齿或粗锯齿；花数朵着生于叶腋，花先叶开放，花冠深黄色，长1.1~2.5 cm，花期3—4月；果卵形或宽卵形，8—11月成熟。

生态习性：喜光照，耐半阴；耐热，耐寒；耐旱，耐湿，对土壤要求不严。

园林应用：可丛植、片植于草坪、墙隅、路边、树缘、院内、庭前等处，是春季良好的观花植物。（见图5-53）

图 5-53　金钟花

续图 5–53

◎ **连翘**

拉丁名：*Forsythia suspensa*（Thunb.）Vahl

科属：木樨科连翘属

形态特征：落叶丛生灌木，呈拱形弯曲；小枝土黄色，皮孔明显；叶通常为单叶，对生，叶片卵形、宽卵形、椭圆状卵形或椭圆形，长 2~10 cm，宽 1.5~5 cm，叶缘除基部外具尖锐锯齿或粗锯齿；花单朵或数朵生于叶腋，花先叶开放，花冠黄色，花期 3—4 月；果卵球形、卵状椭圆形或长椭圆形，长 1.2~2.5 cm，宽 0.6~1.2 cm，先端喙状渐尖，表面疏生皮孔，7—9 月成熟。

生态习性：喜光；耐寒；耐干旱、瘠薄，怕涝，适生于深厚、肥沃的钙质土壤中。

园林应用：可与榆叶梅或紫荆共同组景，或以常绿树作背景，也适于在角隅、路缘、山石旁孤植或丛植；是北方早春主要的观花灌木之一。（见图 5–54）

图 5–54　连翘

◎ **迎春花**

拉丁名：*Jasminum nudiflorum* Lindl.

科属：木樨科素馨属

形态特征：落叶灌木；小枝四棱形，下垂；叶对生，三出复叶，小枝基部常具单叶；花单生于去年生小枝的叶腋，花冠黄色，直径 2~2.5 cm，裂片 5~6 枚，花期 6 月。

生态习性：喜光，稍耐阴；喜温暖、湿润的气候，也耐寒，耐空气干燥；对土壤要求不严，在弱酸性土壤、轻度盐碱土壤中均能生长，但在肥沃、湿润、排水良好的中性土壤中生长最好，较耐干旱、瘠薄，不耐涝。

园林应用：柔枝拱垂，开花时金黄可爱，冬季鲜绿的枝条在白雪的映衬下也很美观；宜配植于湖边、溪畔、桥头、墙隅、草坪、林缘、坡地等处，也可作开花地被植物，亦是盆栽和制作盆景的好材料。（见图5-55）

图 5-55　迎春花

◎ **夹竹桃**

拉丁名：*Nerium indicum* Mill.

科属：夹竹桃科夹竹桃属

形态特征：常绿直立大灌木，高可达 5 m；单叶，3~4 片轮生，窄披针形，顶端急尖，基部楔形，长11~15 cm，宽 2~2.5 cm；聚伞花序顶生，芳香，红色、黄色或白色，花期 7—9 月；果 11 月至第二年 2 月成熟。

生态习性：喜光；喜温暖、湿润的气候，畏严寒；能耐一定的干旱，忌水涝，对土壤要求不严；对二氧化硫、氯气等有害气体的抵抗力强。

园林应用：常植于公园、庭园、街头、绿地等处；枝叶繁茂，四季常青，是极好的背景树种；耐烟尘，抗污染，是工矿区等生长条件较差地区绿化的优良树种。（见图5-56）

图 5-56　夹竹桃

◎ 醉鱼草

拉丁名：*Buddleja lindleyana*

科属：马钱科醉鱼草属

形态特征：落叶灌木；小枝具四棱，幼枝、叶片背面等处被毛；单叶，对生，萌芽枝条上的叶为互生或近轮生，叶片膜质，卵形、椭圆形或长圆状披针形，长 3~11 cm，宽 1~5 cm；穗状聚伞花序顶生，长 4~40 cm，花紫色，芳香，花期 4—10 月；果 8 月至第二年 4 月成熟。

生态习性：喜光，耐阴；耐寒性不强；对土壤适应性强。

园林应用：叶茂花繁，紫花开在少花的夏季，尤其可贵；宜在路旁、墙隅、草坪边缘、坡地丛植，亦可以用作花篱；因其花叶对鱼类有毒害，故应该避免种在水池边。（见图 5-57）

图 5-57　醉鱼草

◎ 栀子

拉丁名：*Gardenia jasminoides* Ellis

科属：茜草科栀子属

形态特征：常绿灌木；单叶，对生，革质，长圆状披针形、倒卵状长圆形、倒卵形或椭圆形，长 3~25 cm，宽 1.5~8 cm，全缘；花芳香，通常单朵生于枝顶，花冠白色或乳黄色，花期 5—6 月。

生态习性：喜温暖、湿润的环境，不甚耐寒；喜光，耐半阴，忌暴晒；喜肥沃、排水良好的酸性土壤，在碱性土壤中栽植时易黄化；萌芽力、萌蘖性均强，耐修剪。

园林应用：是常绿植物，开花时芬芳香郁，是深受大众喜爱、花叶俱佳的观赏树种；可在庭园、池畔、阶前、路旁丛植或孤植，也可作花篱栽培。（见图 5-58）

图 5-58　栀子

◎ **马缨丹**（五色梅）

拉丁名：*Lantana camara* L.

科属：马鞭草科马缨丹属

形态特征：直立或蔓性灌木，有时呈藤状；茎、枝均呈四方形，通常有短的倒钩状刺；单叶，对生，揉碎后有强烈气味，叶片卵形或卵状长圆形，长 3~8.5 cm，宽 1.5~5 cm；花序直径 1.5~2.5 cm，花冠黄色或橙黄色，开花后不久转为深红色，花期 6—10 月；果圆球形，熟时紫黑色。

生态习性：喜高温、高湿，也耐干热，抗寒力差；对土壤的适应能力较强，耐旱。

园林应用：花美丽，常在庭园中栽培供观赏，也可制作成树桩盆景。（见图 5-59）

图 5-59　马缨丹（五色梅）

◎ **金银忍冬**

拉丁名：*Lonicera maackii*（Rupr.）Maxim.

科属：忍冬科忍冬属

形态特征：落叶灌木，高可达 6 m；幼枝、叶柄、苞片均被毛；单叶，对生，纸质，形状变化较大，通常为卵状椭圆形或卵状披针形，稀为矩圆状披针形或倒卵状矩圆形，更少为菱状矩圆形或圆卵形，长 5~8 cm；花芳香，生于幼枝叶腋，花期 5—6 月；果圆形，8—10 月成熟，熟时暗红色。

生态习性：喜强光；稍耐旱，在微潮偏干的环境中生长良好；喜温暖的环境，亦较耐寒，在中国北方绝大多数地区可露地越冬。

园林应用：常丛植于草坪、山坡、林缘、路边，或点缀于建筑周围，观花、赏果两相宜。（见图 5-60）

图 5-60　金银忍冬

◎锦带花

拉丁名：*Weigela florida*（Bunge）A. DC.

科属：忍冬科锦带花属

形态特征：落叶灌木，高达 1~3 m；树皮灰色，枝条呈拱形弯曲；单叶，对生，叶矩圆形、椭圆形或倒卵状椭圆形，长 5~10 cm；花冠紫红色或玫瑰红色，长 3~4 cm，直径约 2 cm，花期 4—6 月；蒴果，9—11 月成熟。

生态习性：喜光，耐半阴；耐寒；耐旱，喜腐殖质多、排水良好的土壤。

园林应用：花期长，是主要的花灌木；适宜在庭园、墙隅、湖畔群植，也可在树丛、林缘丛植或配植，也可用于点缀假山、坡地；对氯化氢抗性强，是良好的抗污染树种。（见图 5-61）

图 5-61　锦带花

◎海仙花

拉丁名：*Weigela coraeensis*

科属：忍冬科锦带花属

形态特征：落叶灌木，高可达 5 m；单叶，对生，纸质，叶边缘有锯齿，叶阔椭圆形或倒卵形，长 8~12 cm；花数朵组成聚伞花序，花冠漏斗状钟形，玫瑰红色，花期 5—6 月。

生态习性：喜光，稍耐阴；耐寒；适应性强，对土壤要求不严，能耐瘠薄，在深厚、湿润、排水良好、富含腐殖质的土壤中生长最好，忌水涝；生长迅速，萌芽力强。

园林应用：花期较长，适宜在庭园、墙隅、湖畔群植，也可在树丛、林缘丛植或配植，也可用于点缀假山、坡地；是优良的庭园观花树种。（见图 5-62）

图 5-62　海仙花

◎ **绣球荚蒾**

拉丁名：*Viburnum macrocephalum* Fort.

科属：忍冬科荚蒾属

形态特征：落叶或半常绿灌木，高可达 4 m；树皮灰褐色或灰白色；单叶，对生，纸质，卵形、椭圆形或卵状矩圆形，长 5~11 cm，边缘有锯齿；聚伞花序，全部由大型不孕花组成，花冠白色，花期 4—5 月。

生态习性：较耐寒；能适应一般土壤，湿润、肥沃的土壤最为适宜；长势旺盛，萌芽力、萌蘖性均强。

园林应用：宜孤植于草坪或空旷地段，使其四面开展，体现树姿之美；也可孤植于庭中、堂前、墙边、窗外，作为配景。（见图 5-63）

图 5-63 绣球荚蒾

琼花：聚伞花序，仅周围有大型不孕花，花冠白色，花期 4 月；果椭圆形，9—10 月成熟，红色而后变成黑色。（见图 5-64）

图 5-64 琼花

◎ 蝴蝶戏珠花

拉丁名：*Viburnum plicatum* Thunb. var. *tomentosum*（Thunb.）Miq.

科属：忍冬科荚蒾属

形态特征：落叶灌木，高可达 3 m；单叶，对生，纸质，宽卵形、圆状倒卵形或倒卵形，稀为近圆形，长 4~10 cm，边缘有不整齐三角状锯齿；聚伞花序，花期 4~5 月；果 8—9 月成熟。

生态习性：喜湿润的气候，较耐寒；稍耐半阴；富含腐殖质的壤土最为适宜。

园林应用：适于在庭园中配植，春夏赏花，秋冬观果。（见图 5-65）

图 5-65　蝴蝶戏珠花

◎ 凤尾丝兰（凤尾兰）

拉丁名：*Yucca gloriosa* L.

科属：龙舌兰科丝兰属

形态特征：常绿灌木，茎短，有分枝，高可达 5 m；叶坚硬，条状披针形，长 40~80 cm，顶端坚硬；圆锥花序顶生，长 1~1.5 m，花下垂，白色，花期 9—11 月；果实倒卵状矩圆形，长 5~6 cm，不开裂。

生态习性：喜光，亦耐阴；适应性强，耐瘠薄，耐旱，怕涝；耐寒力较差，生长力强。

园林应用：常年浓绿，树形奇特，叶形如剑，开花时花茎高耸挺立，花色洁白，繁多的白花下垂如铃，姿态优美，花期较长，幽香宜人，是良好的庭园观赏花木；常植于花坛中央、建筑前、草坪中、池畔、路旁。（见图 5-66）

图 5-66　凤尾丝兰（凤尾兰）

第六章

垂直绿化树

CHUIZHILÜHUASHU

　　垂直绿化树是指可以用来装饰建筑物墙面、栏杆、棚架及陡直的山坡等立体空间的攀缘或悬垂植物。在实际园林应用中，垂直绿化树多数是藤本植物，其靠卷须、吸盘或吸附根等器官缠绕或攀附于其他物体而生长。近年来，随着城市现代化进程的加快，城市建设用地与绿化用地的矛盾日益突出，对绿化的需求越来越强烈，人们逐渐把目光投向了蕴藏着巨大发展空间的垂直绿化。

◎ 薜荔

拉丁名：*Ficus pumila* Linn.

科属：桑科榕属

形态特征：攀缘或匍匐灌木；单叶，互生，叶两型，不结果枝上生不定根，叶卵状心形，薄革质，长约 2.5 cm，结果枝上无不定根，叶卵状椭圆形，革质，长 5~10 cm，全缘；榕果单生于叶腋，成熟时黄绿色或微红色；花果期 5—8 月。

生态习性：耐贫瘠，抗干旱，对土壤要求不严，适应性强；幼株耐阴。

园林应用：主要用于垂直绿化。（见图 6-1）

图 6-1　薜荔

◎ 插田泡（高丽悬钩子）

拉丁名：*Rubus coreanus* Miq.

科属：蔷薇科悬钩子属

形态特征：落叶灌木，高 1~3 m；枝粗壮且被白粉，红褐色，具近直立或钩状扁平皮刺；一回奇数羽状复叶，互生，小叶通常 5 枚，稀为 3 枚，边缘有锯齿，叶轴有钩状小皮刺；伞房花序顶生，花淡红色至深红色，花期 4—6 月；果深红色至紫黑色，直径 5~8 mm，果期 6—8 月。

生态习性：适应性较强，多野生于河边、山谷、山坡或路旁。

园林应用：人工引种栽培较少，可用于垂直绿化或作为绿篱应用。（见图 6-2）

图 6-2　插田泡（高丽悬钩子）

◎野蔷薇

拉丁名：*Rosa multiflora* Thunb.

科属：蔷薇科蔷薇属

形态特征：攀缘灌木；小枝圆柱形；一回奇数羽状复叶，互生，小叶 5~9 枚，边缘有锯齿，托叶大部分贴生于叶柄；圆锥花序，花瓣白色，花期 4—5 月；果近球形，6—7 月成熟，熟时红褐色。

生态习性：喜阳光；耐寒，耐旱，耐水湿，对土壤要求不严，在黏重土壤中也能生长良好。

园林应用：是优良的垂直绿化材料，在庭园中造景时可布置成花柱、花架、花廊等造型，还能植于山坡、堤岸以保持水土。（见图6-3）

图 6-3　野蔷薇

◎金樱子

拉丁名：*Rosa laevigata* Michx.

科属：蔷薇科蔷薇属

形态特征：常绿攀缘灌木，高可达 5 m；小枝粗壮，散生扁弯皮刺；小叶革质，连叶柄长 5~10 cm，边缘有尖锐锯齿；花单生于叶腋，直径 5~7 cm，花瓣白色，花期 4—6 月；果梨形或倒卵形，7—11 月成熟。

生态习性：喜温暖、阳光充足的环境；对土壤要求不严，但以疏松、肥沃、富含有机质的砂质土壤为好。

园林应用：花大而洁白，可孤植修剪成灌木状，也可攀附于墙垣、篱栅作垂直绿化材料。（见图6-4）

图 6-4　金樱子

◎ 紫藤

拉丁名：*Wisteria sinensis*

科属：豆科紫藤属

形态特征：落叶藤本植物；茎左旋，枝较粗壮；一回奇数羽状复叶，互生，长 15~25 cm，小叶 3~6 对，纸质，全缘；总状花序，长 15~30 cm，直径 8~10 cm，花冠紫色，芳香，花期 4 月；荚果倒披针形，6—8 月成熟。

生态习性：对气候和土壤的适应性强，较耐寒，能耐水湿及瘠薄；喜光，较耐阴。

园林应用：是优良的观花藤本植物，一般应用于园林棚架，也适宜栽植于湖畔、池边、假山、石坊等处；对二氧化硫等有害气体有较强的抗性，对空气中的灰尘有吸附能力，在绿化中已得到广泛应用，尤其在垂直绿化中发挥着举足轻重的作用，不仅可以达到绿化、美化的效果，同时也发挥着增氧、减尘、减少噪音等作用。（见图 6-5）

图 6-5 紫藤

◎ 常春油麻藤

拉丁名：*Mucuna sempervirens* Hemsl

科属：豆科黧豆属

形态特征：常绿木质藤本，老茎直径超过 30 cm；羽状复叶具 3 小叶，叶长 21～39 cm；叶柄长 7～16.5 cm；总状花序生于老茎上；花冠深紫色，花期 4—5 月，果期 8—10 月。

生态习性：喜光也耐阴，喜湿暖湿润气候，耐寒，耐干旱和耐瘠薄，适应性强。

园林应用：用于各种廊架、护坡、凉棚等的绿化，其在野外属于绞杀型植物，故应用时要注意管理，防止其危害其他树木。（见图 6-6）

图 6-6 常春油麻藤

◎ 扶芳藤

拉丁名：*Euonymus fortunei*（Turcz.）Hand.–Mazz.

科属：卫矛科卫矛属

形态特征：常绿藤本灌木；单叶，对生，薄革质，椭圆形、长方椭圆形或长倒卵形，长 3.5~8 cm，宽 1.5~4 cm，边缘有锯齿；聚伞花序，花白绿色，花期 6 月；蒴果，粉红色，10 月成熟。

生态习性：喜温暖、湿润的气候，耐寒性强；喜光，但也耐阴；对土壤要求不高，耐干旱、瘠薄，最适宜在湿润、肥沃的壤土中生长。

园林应用：可攀附于墙面、岩石、假山、树干生长，也可用作常绿地被植物。（见图 6-7）

图 6-7　扶芳藤

◎ 葡萄

拉丁名：*Vitis vinifera* L.

科属：葡萄科葡萄属

形态特征：落叶木质藤本植物；小枝圆柱形，有纵棱纹；单叶，互生，卵圆形，显著 3~5 浅裂或中裂，长 7~18 cm，宽 6~16 cm；圆锥花序密集或疏散，与叶对生，花期 4—5 月；果实球形或椭圆形，直径 1.5~2 cm，8—9 月成熟。

生态习性：较耐干旱，对土壤的适应性较强，除了沼泽地和重度盐碱地不适宜生长外，其余各种类型的土壤都能用于栽培，而以肥沃的沙壤土最为适宜。

园林应用：常用于垂直绿化。（见图 6-8）

图 6-8　葡萄

◎ 爬山虎

拉丁名：*Parthenocissus tricuspidata*

科属：葡萄科地锦属

形态特征：落叶木质藤本植物；具卷须，卷须顶端遇附着物扩大成吸盘；单叶，互生，多数 3 裂，边缘有粗锯齿；多歧聚伞花序，着生在短枝上，花期 5—8 月；果球形，直径 1~1.5 cm，9—10 月成熟。

生态习性：喜阴湿的环境，攀缘能力强，适应性强。

园林应用：主要用于园林和城市垂直绿化，常攀附于山石、棚架、墙壁。（见图 6-9）

图 6-9　爬山虎

◎ 五叶地锦（美国地锦）

拉丁名：*Parthenocissus quinquefolia*（L.）Planch.

科属：葡萄科地锦属

形态特征：落叶木质藤本植物；卷须与叶对生；叶为掌状 5 小叶，边缘有粗锯齿，秋季落叶之前变红；花期

6—7月；果8—10月成熟。

生态习性：喜温暖的气候，也有一定的耐寒能力，亦耐暑热；较耐阴；长势旺盛，攀缘能力较差。

园林应用：是庭园墙面绿化的主要材料。（见图6-10）

图6-10　五叶地锦（美国地锦）

◎ **常春藤**

拉丁名：*Hedera nepalensis*

科属：五加科常春藤属

形态特征：常绿攀缘灌木；具有气生根；单叶，互生，革质，在不育枝上通常为三角状卵形，掌状3~5裂，长5~12 cm，宽3~10 cm，在花枝上为椭圆状卵形或椭圆状披针形；伞形花序单个顶生，或数个排列成圆锥花序，芳香，花期9—11月；果球形，红色或黄色，第二年3—5月成熟。

生态习性：阴性，喜温暖的气候，不耐寒。

园林应用：可以攀附于假山、岩石、建筑物墙壁作垂直绿化材料，也可盆栽供室内绿化、观赏用；常春藤是藤本类绿化植物中用得较多的材料。（见图6-11）

图6-11　常春藤

◎**野迎春（云南黄素馨）**

拉丁名：*Jasminum mesnyi* Hance

科属：木樨科素馨属

形态特征：常绿藤状灌木；枝条下垂；叶对生，三出复叶，小枝基部具单叶；花单生于叶腋，花冠黄色，漏斗状，直径 2~4.5 cm，花期 3—4 月；常不结果。

生态习性：喜温暖、向阳的环境，畏严寒，喜空气湿润；稍耐阴；在排水良好、肥沃的酸性沙壤土中生长良好；萌蘖性强。

园林应用：枝长而柔弱，下垂或攀缘，碧叶黄花，是美丽的观赏植物；适宜植于堤岸、岩边、台地、台阶边缘；在林缘、坡地片植，还能防止泥土流失。（见图 6-12）

图 6-12　野迎春（云南黄素馨）

◎**络石**

拉丁名：*Trachelospermum jasminoides*（Lindl.）Lem.

科属：夹竹桃科络石属

形态特征：常绿木质藤本植物，长可达 10 m；单叶，对生，革质，椭圆形、卵状椭圆形或宽倒卵形，长 2~10 cm，宽 1~4.5 cm，全缘；二歧聚伞花序腋生或顶生，花白色，先端 5 裂，呈风车状，芳香，花期 3—7 月；菁葖果，7—12 月成熟。

生态习性：喜半阴、湿润的环境；耐旱，也耐湿，对土壤要求不严，以排水良好的沙壤土最为适宜。

园林应用：匍匐性、攀缘性较强，多作地被植物或应用于垂直绿化，也可搭配作色带、色块。（见图 6-13）

园林中也常用变色络石，本栽培变种与原种的区别在于叶为圆形，杂色，具有绿色和白色两种颜色，后变成淡红色，花期春末至夏中。（见图 6-14）

图 6-13　络石　　　　　　　　图 6-14　变色络石

◎凌霄

拉丁名：*Campsis grandiflora*（Thunb.）Schum.

科属：紫葳科凌霄属

形态特征：落叶攀缘藤本植物；茎木质，表皮剥落；具气生根；一回奇数羽状复叶，对生，小叶7~9枚，边缘有粗锯齿；圆锥花序顶生，花萼钟状，长约3 cm，分裂至中部，花冠内面鲜红色，外面橙黄色，长约5 cm，裂片半圆形，花期6—8月；蒴果，10—11月成熟。

生态习性：喜向阳、温暖、湿润的环境，稍耐阴；喜排水良好的土壤，较耐水湿，并有一定的耐盐碱能力。

园林应用：是理想的垂直绿化、美化花木品种，可用于棚架、假山、花廊、墙垣绿化。（见图6-15）

图6-15　凌霄

◎厚萼凌霄（美国凌霄）

拉丁名：*Campsis radicans*（L.）Seem.

科属：紫葳科凌霄属

形态特征：落叶藤本植物，长可达10 m；具气生根；一回奇数羽状复叶，互生，小叶9~11枚，椭圆形或卵状椭圆形，边缘具锯齿；花萼钟状，长约2 cm，花冠筒细长，漏斗状，橙红色或鲜红色，筒部约为花萼长的3倍，直径约4 cm；蒴果长圆柱形，9—11月成熟。

生态习性：喜湿，喜暖，不耐寒，略耐阴，分布广泛，适生范围广，适应性强。

园林应用：攀缘力强，花大而艳，花期长，宜选作庭园攀缘绿化树种，宜用来绿化凉棚、花架、阳台和廊柱。（见图6-16）

图6-16　厚萼凌霄（美国凌霄）

◎忍冬

拉丁名：*Lonicera japonica* Thunb.

科属：忍冬科忍冬属

形态特征：半常绿藤本植物；幼枝密被黄褐色毛；单叶，对生，纸质，卵形或矩圆状卵形；花梗通常单生于小枝上部叶腋，苞片大，叶状，花冠白色，后变黄色，唇形，花期4—6月；果实圆形，10—11月成熟，熟时蓝黑色。

生态习性：适应性强，对气候、土壤要求不严，需阳光充足，在沙壤土中栽培更为适宜。

园林应用：匍匐生长能力比攀缘生长能力强，更适合于在林下、林缘等处作地被栽培，还可以作绿化矮墙，亦可以利用其缠绕能力制作花廊、花架、花栏、花柱，以及缠绕假山石等。（见图6-17）

图6-17　忍冬

第七章

绿篱及造型树

LÜLI JI ZAOXINGSHU

由灌木或小乔木以近距离的株行距密植，栽成单行或双行，这种紧密结合的规则的种植形式称为绿篱，也叫植篱、生篱。因其所选择的树种可修剪成各种造型，并能相互组合，所以提高了观赏效果和艺术价值。此外，绿篱还能起到隔离防护、防尘防噪、引导游人观赏等作用。

◎ 侧柏

拉丁名：*Platycladus orientalis*（L.）Franco

科属：柏科侧柏属

形态特征：常绿乔木，高可达 20 m；树皮纵裂成条片，浅灰褐色；幼树树冠卵状尖塔形，老树树冠广圆形；生鳞叶的小枝细，排成一个平面；叶鳞形，长 1~3 mm，先端微钝；花期 3—4 月；球果近卵圆形，10 月成熟，木质，开裂，红褐色。

生态习性：喜光；适生于湿润、肥沃、排水良好的钙质土壤中，耐旱，抗盐碱，在平地或悬崖峭壁上都能生长；适应性强，萌芽力强，耐修剪，寿命长；抗烟尘，抗二氧化硫、氯化氢等有害气体；分布广泛。

园林应用：是园林绿化中普遍应用的观赏树种之一；小苗可作绿篱；配植于草坪、花坛、山石、林下，可增加绿化层次，丰富观赏美感；侧柏具有耐污染性、耐寒性、耐干旱性等特点，使得它在北方的绿化中被广泛应用；作为绿化苗木，其成本低廉，移栽成活率高，资源广泛。（见图 7-1）

图 7-1　侧柏

◎ 日本香柏

拉丁名：*Thuja standishii*（Gord.）Carr.

科属：柏科崖柏属

形态特征：常绿乔木，在原产地高可达 18 m；树冠宽塔形；树皮红褐色，呈鳞状薄片剥落；生鳞叶的小枝较厚，扁平，鳞叶先端钝尖或微钝，有香味；球果卵圆形，长约 10 mm，熟时暗褐色。

生态习性：喜温暖、湿润的气候，适应性较强。

园林应用：常作绿篱，也可孤植作孤赏树。（见图 7-2）

◎ 山胡椒（假死柴）

拉丁名：*Lindera glauca*（Sieb. et Zucc.）Bl

科属：樟科山胡椒属

形态特征：落叶灌木或小乔木，高可达 8 m；单叶，互生，宽椭圆形、椭圆形、倒卵形或狭倒卵形，长 4~9 cm，宽 2~4 cm，纸质，叶枯后不落，第二年新叶长出时落下；伞形花序腋生，花期 3—4 月；果 7—8 月成熟。

生态习性：喜光；耐干旱、瘠薄，对土壤的适应性强；深根性。

园林应用：利用其直立性及叶面深绿、冬季枯叶不落的习性，可作绿篱，也可作林缘或墙垣的装饰材料。（见图 7-3）

图 7-2　日本香柏

图 7-3　山胡椒(假死柴)

◎ **日本小檗**

拉丁名：*Berberis thunbergii* DC.

科属：小檗科小檗属

形态特征：落叶灌木，高约 1 m，多分枝；叶薄纸质，倒卵形、匙形或菱状卵形，长 1~2 cm，宽 5~12 mm，全缘；花 2~5 朵簇生于叶腋，黄色，直径约为 6 mm，花期 4—6 月；浆果椭圆形，亮鲜红色，7—10 月成熟。

生态习性：喜光，略耐阴；喜温暖、湿润的气候，亦耐寒；对土壤要求不严，喜深厚、肥沃、排水良好的土壤，耐旱；萌芽力强，耐修剪。

园林应用：宜丛植于草坪、池畔、岩石旁，亦可栽作绿篱。（见图 7-4）

图 7-4　日本小檗

◎ **西伯利亚小檗(刺叶小檗)**

拉丁名：*Berberis sibirica* Pall.

科属：小檗科小檗属

形态特征：落叶灌木，高 0.5~1 m；单叶，互生，纸质，倒卵形、倒披针形或倒卵状长圆形，长 1~2.5 cm，宽 5~8 mm，叶缘每边具 4~7 硬直刺状牙齿；花单生，花期 5—7 月；浆果倒卵形，红色，8—9 月成熟。

生态习性：耐寒，耐旱，萌蘖性强，耐修剪。

园林应用：适宜作绿篱，也可作为摆图案的材料；常用作花篱，或在园路角隅丛植，也可点缀于池畔、岩石间；可用于大型花坛镶边，或修剪成球形对称状配植。（见图 7-5）

图 7-5　西伯利亚小檗(刺叶小檗)

◎ 十大功劳

拉丁名：*Mahonia fortunei*（Lindl.）Fedde

科属：小檗科十大功劳属

形态特征：常绿灌木；一回羽状复叶，长 10~28 cm，宽 8~18 cm；总状花序 4~10 朵簇生，花黄色，花期 7—9 月；浆果球形，9—11 月成熟，熟时紫黑色，被白粉。

生态习性：耐阴，忌烈日暴晒；喜温暖、湿润的气候，有一定的耐寒性；多生长在阴湿的峡谷和森林中，属阴性植物；喜排水良好的酸性土壤，极不耐碱，怕水涝。

园林应用：适于在建筑物附近配植，也可用于绿篱、路旁盆栽、岩石园等；由于对二氧化硫的抗性较强，所以是工矿区优良的美化植物。（见图 7-6）

图 7-6 十大功劳

◎ 阔叶十大功劳

拉丁名：*Mahonia bealei*（Fort.）Carr.

科属：小檗科十大功劳属

形态特征：常绿灌木或小乔木；茎直立且分枝少；一回奇数羽状复叶，互生，长 27~51 cm，宽 10~20 cm，具 4~10 对小叶；总状花序直立，通常 3~9 朵簇生，花黄色，花期 9 月至第二年 1 月；浆果卵形，深蓝色，被白粉，第二年 3—5 月成熟。

生态习性：喜光，较耐阴；喜温暖、湿润的气候，不耐寒；喜深厚、肥沃的土壤，一般土壤都能适应，耐干旱，稍耐湿；萌蘖性强；对二氧化硫抗性较强，对氟化氢敏感。

园林应用：常配植在建筑的门口、窗下或树荫下，用粉墙作背景尤美，也可植于山石间、岩隙、溪边、厂矿区内。（见图 7-7）

图 7-7 阔叶十大功劳

◎ 南天竹

拉丁名：*Nandina domestica* Thunb.

科属：小檗科南天竹属

形态特征：常绿小灌木，高 1~3 m；茎常丛生；叶互生，集生于茎的上部，三回羽状复叶，长 30~50 cm，冬季变红；圆锥花序直立，长 20~35 cm，花白色，芳香，直径 6~7 mm，花期 3—6 月；浆果球形，5—11 月成熟，熟时鲜红色。

生态习性：多生于湿润的沟谷旁、疏林下或灌木丛中，为钙质土壤指示植物；喜温暖、湿润、通风良好的半阴环境，较耐寒；能耐弱碱性土壤。

园林应用：树姿秀丽，红果累累，圆润光洁，是常用的观叶、观果植物；无论地栽、盆栽，还是制作盆景，都具有很高的观赏价值。（见图 7-8）

图 7-8　南天竹

◎ 红花檵木

拉丁名：*Loropetalum chinense* var. *rubrum* Yieh

科属：金缕梅科檵木属

形态特征：常绿灌木或小乔木；单叶，互生，革质，卵形，长 2~5 cm，宽 1.5~2.5 cm，紫红色；花 3~8 朵簇生，有短花梗，花瓣 4 片，带状，紫红色，长约 2 cm，花期 3—4 月；蒴果卵圆形，8—9 月成熟，熟时黑色。

生态习性：喜光，稍耐阴，阴时叶色容易变绿；喜温暖，耐寒冷；萌芽力和发枝力强，耐修剪；耐旱，耐瘠薄，适宜在肥沃、湿润的弱酸性土壤中生长。

园林应用：常用于色块布置，亦可作盆景，是花、叶俱美的观赏树种。（见图 7-9）

图 7-9　红花檵木

◎ **蚊母树**

拉丁名：*Distylium racemosum* Sieb. et Zucc.

科属：金缕梅科蚊母树属

形态特征：常绿灌木或中乔木；单叶，互生，革质，椭圆形或倒卵状椭圆形，长 3~7 cm，宽 1.5~3.5 cm，常有虫瘿；总状花序长约 2 cm；蒴果卵圆形。

生态习性：喜光，能耐阴；喜温暖、湿润的气候，耐寒性不强；对土壤要求不严，耐贫瘠；萌芽力强，耐修剪；多虫瘿；对有毒气体、烟尘均有较强抗性；寿命长。

园林应用：枝叶繁茂，四季常青，抗性强，园林中常用于基础种植；整形后可孤植、丛植于草坪、园路转角、湖滨，也可栽培在庭荫树下，是工矿区绿化的优良树种。（见图 7-10）

图 7-10　蚊母树

◎ **小叶蚊母树**

拉丁名：*Distylium buxifolium*（Hance）Merr.

科属：金缕梅科蚊母树属

形态特征：常绿灌木，高 1~2 m；单叶，互生，薄革质，倒披针形或矩圆状倒披针形，长 3~5 cm，宽 1~1.5 cm，边缘无锯齿，仅在最尖端有自中肋突出的小尖突；雌花或两性花的穗状花序腋生，花期 4 月。

生态习性：喜光，能耐阴；喜温暖、湿润的气候，耐寒性不强；耐贫瘠；萌芽力强，耐修剪；多虫瘿；对有毒气体、烟尘均有较强抗性。

园林应用：常用于基础种植，也可栽培在庭荫树下，是工矿区绿化的优良树种。（见图 7-11）

图 7-11　小叶蚊母树

◎ **海桐**

拉丁名：*Pittosporum tobira*（Thunb.）Ait.

科属：海桐花科海桐花属

形态特征：常绿小乔木，高可达 6 m；单叶，互生，革质，聚生于枝顶，倒卵形或倒卵状披针形，长 4~9 cm，宽 1.5~4 cm；伞形花序顶生，密被黄褐色柔毛，花白色，芳香，后变成黄色，花期 4~5 月；蒴果圆球形，直径约 1.2 cm，10—11 月成熟，熟时黄色。

生态习性：对气候的适应性较强，耐寒冷，亦颇耐暑热；对光照的适应能力亦较强，较耐阴，亦颇耐烈日，但以半阴地生长最佳；喜肥沃、湿润的土壤，稍耐干旱，耐水湿；萌芽力强，耐修剪。

园林应用：株形圆整，四季常青，花芳香，为著名的观叶、观花植物；抗二氧化硫等有害气体的能力强，所以又为环保树种；适于盆栽布置展厅、会场、主席台等处，也宜植于花坛四周、花径两侧、建筑物周围，或作园林中的绿篱、绿带，尤宜在工矿区种植。（见图 7-12）

图 7-12　海桐

◎ **红叶石楠**

拉丁名：*Photinia × fraseri*

科属：蔷薇科石楠属

形态特征：常绿小乔木，高 4~6 m；单叶，互生，革质，长椭圆形或倒卵状披针形，新叶红艳，后转绿；复伞房花序顶生，花白色，花期 4—5 月；梨果，10 月成熟，熟时红色。

生态习性：喜温暖、潮湿、阳光充足的环境，耐寒性强；喜强光照射，也有很强的耐阴能力；适宜各类中肥土质，耐土壤瘠薄，有一定的耐盐碱性和耐干旱能力，不耐水湿；生长速度快，萌芽力强，耐修剪，易于移植。

园林应用：可培育成球形树冠的乔木，在绿地中作为行道树或孤植作庭荫树，也可盆栽在门廊及室内；对二氧化硫、氯气有较强的抗性，具有隔音功能，适于街道、厂矿绿化；也可修剪成矮小灌木作为地被植物片植，或与其他彩叶植物组合成各种图案。（见图 7-13）

图 7-13　红叶石楠

◎ **火棘**（火把果、救军粮）

拉丁名：*Pyracantha fortuneana*（Maxim.）Li

科属：蔷薇科火棘属

形态特征：常绿灌木，高可达 3 m；单叶，互生，叶片倒卵形或倒卵状长圆形，长 1.5~6 cm，宽 0.5~2 cm，先端圆钝或微凹，有时具短尖头；复伞房花序，直径 3~4 cm，花直径约 0.8 cm，花瓣白色，花期 3—5 月；果实近球形，8—11 月成熟，熟时橘红色或深红色。

生态习性：喜光；抗旱，耐瘠，在山坡、路边、灌木丛、田埂等处均可以生长，喜湿润、疏松、肥沃的土壤。

园林应用：树形优美，夏有繁花，秋有红果，果实存留枝头甚久；可以在庭园中用作绿篱及园林造景材料，也可以在路边用作绿篱，美化、绿化环境。（见图 7-14）

图 7-14　火棘（火把果、救军粮）

◎ **竹叶花椒**

拉丁名：*Zanthoxylum armatum* DC.

科属：芸香科花椒属

形态特征：落叶小乔木；茎、枝多锐刺，刺基部宽而扁，红褐色，小枝上的刺劲直；一回奇数羽状复叶，互生，小叶背面中脉上常有小刺，小叶 3~9 枚，稀 11 枚，翼叶明显；花序近腋生或生于侧枝之顶，花期 4—5 月；果紫红色，8—10 月成熟。

生态习性：喜光；适生于湿润、土层深厚的肥沃壤土，不耐涝，短期积水可致死亡；萌蘖性强；耐寒；抗病能力强。

园林应用：可栽植作刺篱。（见图 7-15）

图 7-15　竹叶花椒

◎ 枸骨

拉丁名：*Ilex cornuta* Lindl. et Paxt.

科属：冬青科冬青属

形态特征：常绿灌木；两年生枝褐色，三年生枝灰白色；单叶，互生，厚革质，四角状长圆形或卵形，长 4~9 cm，宽 2~4 cm，先端具 3 枚尖硬刺齿，中央刺齿常反曲；花序簇生于两年生枝的叶腋内，淡黄色，直径约 2.5 mm，花期 4—5 月；果球形，直径 8~10 mm，10—12 月成熟，熟时鲜红色。

生态习性：喜光，喜温暖、湿润的气候，喜排水良好的酸性和弱碱性土壤，耐修剪。

园林应用：可作广场、庭园、道路及岩石园的绿化材料，亦可在公园绿地孤植、列植，或和其他树种配植。（见图 7-16）

图 7-16　枸骨

◎ 猫儿刺（老鼠刺）

拉丁名：*Ilex pernyi* Franch.

科属：冬青科冬青属

形态特征：常绿灌木或乔木；树皮银灰色，纵裂；单叶，互生，革质，卵形或卵状披针形，长 1.5~3 cm，宽 5~14 mm，先端三角形渐尖，渐尖头长达 12~14 mm，边缘具深波状刺齿 1~3 枚；花 2~3 朵簇生于两年生枝的叶腋内，花淡黄色，花期 4—5 月；果球形或扁球形，10—11 月成熟，熟时红色。

生态习性：弱阳性，但也耐阴；耐寒；耐修剪；抗有毒气体；生长慢；宜在温暖、湿润、阳光充足的环境中生长。

园林应用：宜作基础种植及岩石园材料，也可孤植于花坛中心，或对植于庭前、路口，或丛植于草坪边缘；同时又是很好的绿篱（兼有果篱、刺篱的效果）及盆栽材料；选其老桩制作盆景亦饶有风趣。（见图 7-17）

图 7-17　猫儿刺（老鼠刺）

◎龟甲冬青

拉丁名：*Ilex crenata* cv. *Convexa*

科属：冬青科冬青属

形态特征：常绿小灌木，高可达5 m；树皮灰黑色；多分枝，小枝有灰色细毛；单叶，互生，小而密，叶面凸起，厚革质，椭圆形或长倒卵形；花小，白色，花期5—6月；果球形，8—10月成熟，熟时黑色；本种为钝齿冬青栽培变种。

生态习性：喜光，稍耐阴；喜温暖、湿润的气候，较耐寒；以湿润、肥沃的弱酸性黄土最为适宜。

园林应用：多成片栽植作为地被树，也常用于彩块及彩条作为基础种植材料；可盆栽，也可植于花坛、树坛及园路交叉口；因其有极强的生长能力和耐修剪能力，常作地被和绿篱使用。（见图7-18）

图7-18　龟甲冬青

◎冬青卫矛（大叶黄杨、正木）

拉丁名：*Euonymus japonicus* Thunb.

科属：卫矛科卫矛属

形态特征：常绿灌木，高可达3 m；小枝绿色，具四棱；单叶，对生，革质，有光泽，倒卵形或椭圆形，长3~5 cm，宽2~3 cm，边缘具有浅细钝齿；聚伞花序，花白绿色，花期6—7月；蒴果近球形，9—10月成熟；其彩色叶的栽培品种金边黄杨、金心黄杨、银边黄杨和银心黄杨在园林中也很常见。

生态习性：阳性，喜光，耐阴；喜温暖、湿润的气候和肥沃的土壤，适应性强，较耐寒，耐干旱、瘠薄；极耐修剪。

园林应用：多作为绿篱材料和整形植株材料，也可植于门旁、草地，或作为大型花坛的中心。（见图7-19）

图7-19　冬青卫矛（大叶黄杨、正木）及其彩色叶的栽培品种

◎黄杨（瓜子黄杨、小叶黄杨）

拉丁名：*Buxus sinica* （Rehd. et Wils.） Cheng

科属：黄杨科黄杨属

形态特征：灌木或小乔木，高1~6m；单叶，对生，革质，阔椭圆形、阔倒卵形、卵状椭圆形或长圆形，大多数长1.5~3.5cm，宽0.8~2cm，先端圆且常有小凹口；花单性同株。

生态习性：较耐阴，强光照射处叶片多为黄绿色，较耐碱；有浅根性，寿命长，耐修剪；对烟尘及多种有毒性气体抗性强。

园林应用：孤植或丛植于庭园，作绿篱或基础栽植，也可作盆景。（见图7-20）

图7-20 黄杨（瓜子黄杨、小叶黄杨）

◎马甲子

拉丁名：*Paliurus ramosissimus* （Lour.） Poir.

科属：鼠李科马甲子属

形态特征：灌木；单叶，互生，纸质，卵状椭圆形或近圆形，长3~5.5cm，宽2.2~5cm，叶柄基部有2个紫红色斜向直立的针刺，针刺长0.4~1.7cm；聚伞花序腋生，花期5—8月；核果杯状，9—10月成熟。

生态习性：耐旱，耐瘠薄；抗寒性强；适应性强，易种植且生长速度快。

园林应用：多生于丘陵林边的灌木丛中或荒山草地上，园林中常栽植为围篱。（见图7-21）

图7-21 马甲子

◎小蜡

拉丁名：*Ligustrum sinense* Lour.

科属：木樨科女贞属

形态特征：落叶灌木或小乔木；单叶，对生，纸质或薄革质，卵形、长圆状椭圆形、披针形或近圆形，长2~7cm，宽1~3cm，叶背常沿中脉被短柔毛；圆锥花序顶生或腋生，花有短梗，白色，花期3—6月；果近球形，9—12 月成熟，熟时黑色。

生态习性：喜光，稍耐阴；较耐寒；对土壤的要求不高；抗二氧化硫等多种有毒气体；耐修剪。

园林应用：常植于庭园观赏，也可丛植于林缘、池边、石旁；规则式园林中常修剪成长、方、圆等几何形状，也常栽植于工矿区；其干老根古，宜作树桩盆景；江南常用作绿篱。（见图 7-22）

图 7-22　小蜡

◎ **金叶女贞**

拉丁名：*Ligustrum vicaryi*

科属：木樨科女贞属

形态特征：落叶灌木，高 2~3 m；单叶，对生，椭圆形或卵状椭圆形，长 2~5 cm，黄绿色；总状花序，小花白色，花期 5—6 月；核果阔椭圆形，10—11 月成熟，熟时紫黑色。

生态习性：喜光，稍耐阴；喜温暖的气候，不耐寒冷；在弱酸性土壤中生长迅速，在中性、弱碱性土壤中亦能生长；萌芽力强，适应范围广；具有滞尘、抗烟的功能，能吸收二氧化硫，适合厂矿、城市绿化。

园林应用：由于其叶为金黄色，所以大量应用在园林绿化中，主要用来组成图案和建造绿篱。（见图 7-23）

图 7-23　金叶女贞

◎ **日本女贞**

拉丁名：*Ligustrum japonicum* Thunb.

科属：木樨科女贞属

形态特征：大型常绿灌木；小枝疏生皮孔；单叶，对生，厚革质，椭圆形或宽卵状椭圆形，长 5~8 cm，宽 2.5~5 cm；圆锥花序塔形，长 5~17 cm，宽几乎与长相等或略短，花期 6 月；果长圆形或椭圆形，11 月成熟，黑色。

生态习性：喜光，稍耐阴。

园林应用：可作为观赏用庭园树、绿篱，盆栽也可。（见图 7-24）

图 7-24 日本女贞

◎ 六道木

拉丁名：*Abelia biflora* Turcz.

科属：忍冬科六道木属

形态特征：落叶灌木，高 1~3 m；单叶，对生，矩圆形或矩圆状披针形，长 2~6 cm，宽 0.5~2 cm；花单生于叶腋，花冠白色，狭漏斗形或高脚碟形，筒为裂片长的三倍，花期 4~5 月；瘦果，8—9 月成熟。

生态习性：喜温暖、湿润的气候；耐干旱、瘠薄；根系发达，萌芽力、萌蘖性均强；在空旷地、溪边、疏林或岩石缝中均能生长。

园林应用：可丛植于草地边、建筑物旁，或列植于路旁作为花篱。（见图 7-25）

图 7-25 六道木

◎ 日本珊瑚树（法国冬青）

拉丁名：*Viburnum odoratissimum* var. *awabuki*

科属：忍冬科荚蒾属

形态特征：常绿灌木或小乔木；单叶，对生，倒卵状矩圆形或矩圆形，长 7~13 cm，边缘常有较规则的浅波状钝锯齿；圆锥花序顶生，花冠白色，花期 5—6 月；果 9—10 月成熟，熟时红色。

生态习性：喜温暖的气候，稍耐寒；喜光，稍耐阴；在潮湿、肥沃的中性土壤中生长迅速，也能适应酸性或弱碱性土壤；根系发达，萌芽力强，耐修剪；对有毒气体抗性强。

园林应用：在规则式园林中常修整为绿墙、绿门、绿廊，在自然式园林中多孤植、丛植装饰墙角，用于隐蔽、遮挡；因其有较强的抗毒气功能，可用来吸收大气中的有毒气体。（见图 7-26）

图 7-26　日本珊瑚树(法国冬青)

◎地中海荚蒾

拉丁名：*Viburnum tinus*

科属：忍冬科荚蒾属

形态特征：常绿灌木，树冠呈球形；单叶，对生，革质，深绿色，椭圆形，长约 10 cm；聚伞花序，直径达 10 cm，单花小，约 0.5 cm，花蕾紫红色，花盛开后白色，花期 11 月至第二年 4 月；果卵形，深蓝黑色，直径约 0.5 cm，9—11 月成熟。

生态习性：喜光，也耐阴，对土壤要求不严，较耐旱，忌土壤过湿。

园林应用：生长快速，枝叶繁茂，耐修剪，适于作绿篱，也可栽于庭园观赏。（见图 7-27）

图 7-27　地中海荚蒾

◎六月雪

拉丁名：*Serissa japonica*（Thunb.）Thunb.

科属：茜草科白马骨属

形态特征：常绿小灌木；单叶，对生，革质，卵形或倒披针形，长 6~22 mm，宽 3~6 mm，全缘，微臭；花单生或数朵丛生，花冠淡红色或白色，长 6~12 mm，花期 5—7 月。

生态习性：不耐寒，喜温暖、阴湿的环境；萌蘖性强，耐修剪；以肥沃的沙壤土为最佳。

园林应用：可露地配植，亦可盆栽观赏。（见图 7-28）

图 7-28　六月雪

◎ **水果蓝**

拉丁名：*Teucrium fruitcans*

科属：唇形科石蚕属

形态特征：常绿灌木；小枝条四棱形，全株被白色茸毛；单叶，对生，卵圆形，长 1～2 cm，宽约 1 cm，淡蓝灰色；花淡紫色，腋生，花期 4—5 月。

生态习性：对环境有超强的适应能力，可适应大部分地区的气候环境和土壤条件。

园林应用：宜作深绿色植物的前景，也适合作草本花卉的背景，特别适合在自然式园林中种植于林缘或花境；可反复修剪，用作规则式园林的矮绿篱。（见图 7-29）

图 7-29　水果蓝

◎ **乌柿（金弹子）**

拉丁名：*Diospyros cathayensis* Steward

科属：柿科柿属

形态特征：常绿或半常绿小乔木，干短而粗，树冠开展，多枝，有刺；叶薄革质，长圆状披针形，长 4～9 cm，宽 1.8～3.6 cm，上面光亮，深绿色，下面淡绿色；花冠壶状，两面有柔毛，4 裂，裂片宽卵形，反曲；果球形，嫩时绿色，熟时黄色；花期 4—5 月，果期 8—10 月。

生态习性：喜光，耐半阴，不耐旱，较耐寒，对土壤适应性广。

园林应用：树冠饱满，秋季果实黄色挂满枝头，可作为造型树配置于道路边缘或是景观节点作主景，也可作盆景植物。（见图 7-30）

图 7-30　乌柿（金弹子）

◎箬竹

拉丁名：*Indocalamus tessellatus*（Munro）Keng f.

科属：禾本科箬竹属

形态特征：秆高 0.75~2 m，直径 4~7.5 mm；箨鞘长于节间，箨舌厚膜质；小枝具 2~4 叶，叶宽披针形或长圆状披针形，长 20~46 cm，宽 4~10.8 cm，小横脉明显，叶缘生有细锯齿；笋期 4—5 月。

生态习性：喜光，亦耐阴，在林下、林缘生长良好；喜温暖、湿润的气候，稍耐寒；喜土壤湿润，稍耐干旱。

园林应用：植株低矮，叶色翠绿，在园林中可以作绿篱应用。（见图 7-31）

图 7-31　箬竹

◎凤尾竹

拉丁名：*Bambusa multiplex* cv. *Fernleaf*

科属：禾本科簕竹属

形态特征：常绿，丛生；株高 2~3 m，茎的直径为 5~10 mm，每节有许多枝条，枝条节上有小枝，每个小枝上生有数枚叶片，叶片小，枝条顶端呈弓形弯曲，如同鸟的长尾羽。

生态习性：喜光，喜向阳、干爽的地方。

园林应用：植株矮小，密生小枝，细柔下垂，清新秀丽，宜栽于河边、宅旁，也可与假山、叠石配植；可以观赏自然株型，也可修剪成球形或作绿篱应用。（见图 7-32）

图 7-32　凤尾竹

第八章

地被树
DIBEISHU

　　地被树是指具有一定观赏价值，可以覆盖园林地面，防止水土流失和杂草滋生的低矮丛生、枝叶密集的灌木和藤本植物。我国具有丰富的地被植物资源，但到目前为止，对于地被植物生物学、生态学特性，尤其是保护和净化环境的功能以及经济用途等方面的研究还很不够，通过今后更深入的研究，将会逐步从现有的地被植物中选育出更多更好、能够应用于不同地区、适应不同环境条件、满足不同需要、具有良好的环境效益和一定经济价值与科学价值的地被植物。

◎ **鹿角桧**

拉丁名：*Sabina chinensis* cv. *Pfitzeriana*

科属：柏科圆柏属

形态特征：丛生灌木，枝条自地面向四周斜向上伸展；叶多为鳞叶，紧贴枝条表面。

生态习性：同圆柏。

园林应用：可作地被，或是与景石搭配成景，也可以配植在草坪的边缘。（见图8-1）

图8-1　鹿角桧

◎ **茶梅**

拉丁名：*Camellia sasanqua* Thunb.

科属：山茶科山茶属

形态特征：常绿灌木或小乔木；单叶，互生，革质，椭圆形，长3~5 cm，宽2~3 cm，边缘有细锯齿；花直径4~7 cm，白色、粉红色或玫红色，无梗，花期10月下旬至第二年1月；蒴果直径2~3 cm，秋季成熟。

生态习性：喜半阴；喜温暖、湿润的气候及酸性土壤，较耐水湿；抗性较强，病虫害少。

园林应用：叶形雅致，花色艳丽，花期长，适合植于庭园观赏，也可作地被、花篱。（见图8-2）

图8-2　茶梅

◎ 八角金盘

拉丁名：*Fatsia japonica*（Thunb.）Decne. et Planch.

科属：五加科八角金盘属

形态特征：常绿灌木或小乔木；单叶，互生，叶片掌状分裂，多为 8 裂；花白色，两性或杂性，圆锥花序顶生，花期 11 月；果实第二年 4—5 月成熟，黑色。

生态习性：耐阴，喜湿，稍畏寒，在弱酸性土壤中生长茂盛。

园林应用：常配植于庭园、门旁、窗边、墙隅及建筑物背阴处，或成片群植于草坪边缘及林地；对二氧化硫抗性较强，适于厂矿区绿化。（见图 8-3）

图 8-3　八角金盘

◎ 熊掌木

拉丁名：*Fatshedera lizei*

科属：五加科熊掌木属

形态特征：常绿藤蔓灌木，高可达 1 m 以上；单叶，互生，掌状 5 裂；在秋天开淡绿色小花。

生态习性：喜半阴环境，阳光直射时叶片会黄化，耐阴性好，在光照极差的场所也能生长良好；最适温度为 10 ~ 16 ℃，有一定的耐寒力，过热时，枝条下部的叶片易脱落；喜较高的空气湿度。

园林应用：四季青翠碧绿，具有极强的耐阴能力，适宜在林下群植。（见图 8-4）

图 8-4　熊掌木

◎ 花叶青木（洒金东瀛珊瑚）

拉丁名：*Aucuba japonica* var. *variegata*

科属：山茱萸科桃叶珊瑚属

形态特征：常绿灌木，高约 1.5 m；单叶，对生，革质，长椭圆形或卵状长椭圆形，长 8~20 cm，宽 5~12 cm，有大小不等的黄色或淡黄色斑点，边缘有锯齿；花期 3~4 月；果第二年 4 月成熟，熟时鲜红色。

生态习性：极耐阴，夏日阳光暴晒时会使叶片灼伤；喜湿润、排水良好、肥沃的土壤；不甚耐寒；对烟尘和有毒气体的抗性强。

园林应用：是十分优良的耐阴树种，宜栽植于园林的荫庇处或树林下。（见图 8-5）

图 8-5　花叶青木（洒金东瀛珊瑚）

◎ 地果（地枇杷）

拉丁名：*Ficus tikoua* Bur.

科属：桑科榕属

形态特征：匍匐木质藤本，茎上生细长不定根，节膨大；叶坚纸质，倒卵状椭圆形，长 2~8 cm，宽 1.5~4 cm，边缘具波状疏浅圆锯齿；榕果成对或簇生于匍匐茎上，常埋于土中，成熟时深红色，花期 5—6 月，果期 7 月。

生态习性：耐阴，耐旱，适应能力强，耐粗放管理。

园林应用：林下地被植物，或用于岩石园绿化。（见图 8-6）

图 8-6　地果（地枇杷）

◎ **蔓长春花**

拉丁名：*Vinca major* L.

科属：夹竹桃科蔓长春花属

形态特征：蔓性半灌木；单叶，对生，椭圆形，长 2~6 cm，宽 1.5~4 cm；花单朵腋生，花茎直立，花冠蓝色，花冠筒漏斗状，先端 5 裂，风车状，花期 3—5 月。

生态习性：喜温暖、阳光充足的环境，也耐阴；喜较肥沃、湿润的土壤。

园林应用：常盆栽布置于室内、窗前或阳台上，是一种良好的观叶植物和地被植物。（见图 8-7）

花叶蔓长春花：叶的边缘为白色，叶片有黄白色斑点。（见图 8-7）

图 8-7　蔓长春花与花叶蔓长春花

◎ **顶花板凳果**

拉丁名：*Pachysandra terminalis* Sieb. et Zucc.

科属：黄杨科板凳果属

形态特征：亚灌木，高约 30 cm；叶薄革质，在茎上每间隔 2~4 cm 有 4~6 叶接近着生，簇生，叶片菱状倒卵形，长 2.5~5 cm，宽 1.5~3 cm，上部边缘有齿牙；花白色，花期 4—5 月。

生态习性：耐阴湿，耐粗放管理，适应性强。

园林应用：常配置于遮阴较多的树下或建筑旁，作地被，也可盆栽观赏。（见图 8-8）

图 8-8　顶花板凳果

◎菲白竹

拉丁名：*Sasa fortunei* (Van Houtte) Fiori

科属：禾本科赤竹属

形态特征：灌木状，秆高约 30 cm；秆不分枝或每节仅分 1 枝；叶片短小，披针形，长 6～15 cm，宽 8～14 mm，先端渐尖，基部宽楔形或近圆形；两面均具白色柔毛，尤以下表面较密，叶面通常有黄色或浅黄色或近于白色的纵条纹。

生态习性：喜温暖湿润，怕烈日强光，较耐阴，不耐干旱，不耐水湿，喜疏松肥沃排水良好的沙壤土。

园林应用：地被，或点缀于林地边缘。（见图 8-9）

图 8-9 菲白竹

[1] 陈恒彬, 张凤金, 阮志平, 等.观赏藤本植物[M].武汉：华中科技大学出版社, 2013.

[2] 陈晓刚.园林植物景观设计[M].北京：中国建材工业出版社, 2021.

[3] 陈有民.园林树木学[M].2 版.北京：中国林业出版社, 2011.

[4] 耿世磊.500 种园林树木与灌木识别图鉴[M].北京：化学工业出版社, 2020.

[5] 关文灵, 李叶芳.风景园林树木学[M].北京：化学工业出版社, 2015.

[6] 关文灵, 李叶芳.园林树木学[M].北京：中国农业大学出版社, 2017.

[7] 何会流.园林树木[M].重庆：重庆大学出版社, 2019.

[8] 贺风春, 任全进, 郑占锋, 等.500 种常见园林植物识别图鉴[M].北京：中国农业出版社, 2020.

[9] 候元凯, 唐天林.世界彩叶树木 1000 种[M].武汉：华中科技大学出版社, 2016.

[10] 江胜德.花园设计者说：27 个中外展示花园详解[M].北京：中国林业出版社, 2021.

[11] 李建新, 王秀荣.园林树木栽培与养护[M].北京：中国农业大学出版社, 2020.

[12] 李敏, 徐晔春.中国园林植物观花手册[M].郑州：河南科学技术出版社, 2021.

[13] 刘慧民.园林树木图鉴与造景综合实践教程[M].北京：化学工业出版社, 2020.

[14] 刘振林, 汪洋.园林树木认知与应用[M].北京：科学出版社, 2016.

[15] 陆树刚.植物分类学[M].北京：科学出版社, 2015.

[16] 秦华, 唐岱.风景园林树木学[M].北京：中国农业出版社, 2018.

[17] 屈海燕.园林植物景观种植设计[M].北京：化学工业出版社, 2015.

[18] 申晓辉.园林树木学[M].重庆：重庆大学出版社, 2013.

[19] 沈海岑，梁海英，李鹏初，等.华南地区常见园林植物识别与应用[M].乔木卷.北京：中国林业出版社, 2018.

[20] 沈利.园林植物识别与应用[M].北京：北京师范大学出版社, 2014.

[21] 宋会访.园林规划设计[M].3 版.北京：化学工业出版社, 2020.

[22] 夏文胜.华中常见园林景观植物栽培应用[M].武汉：湖北科学技术出版社, 2015.

[23] 夏宜平.园林花境景观设计[M].2 版.北京：化学工业出版社, 2020.

[24] 颜玉娟, 周荣.园林植物基础[M].北京：中国林业出版社, 2020.

[25] 叶要妹, 包满珠.园林树木栽植养护学[M].5 版.北京：中国林业出版社, 2019.

[26] 臧德奎.园林树木学[M].2 版.北京：中国建筑工业出版社, 2012.

[27] 张文婷, 王子邦.园林植物景观设计[M].西安：西安交通大学出版社, 2020.

[28] 赵九洲.园林树木[M].3 版.重庆：重庆大学出版社, 2014.

[29] 周武忠, 黄寿美.景园树木学——识别特征与设计特性[M].上海：上海交通大学出版社, 2020.

[30] 卓丽环, 陈龙清.园林树木学[M].2 版.北京：中国农业出版社, 2019.

索引

YUANLIN JINGGUAN ZHIWU